生活这件事

再难也别跟自己过不去

SHENGHUO ZHEJIANSHI
ZAINAN YE BIEGEN ZIJI GUOBUQU

李帆◎编著

广东旅游出版社
GUANGDONG TRAVEL & TOURISM PRESS

悦读书·悦旅行·悦享人生

中国·广州

图书在版编目（CIP）数据

生活这件事，再难也别跟自己过不去 / 李帆编著. — 广州：广东旅游出版社，2016.11（2024.8重印）

ISBN 978-7-5570-0609-9

Ⅰ. ①生… Ⅱ. ①李… Ⅲ. ①人生哲学－通俗读物 Ⅳ. ①B821-49

中国版本图书馆 CIP数据核字（2016）第 239367 号

生活这件事，再难也别跟自己过不去
SHENG HUO ZHE JIAN SHI，ZAI NAN YE BIE GEN ZI JI GUO BU QU

出 版 人	刘志松
责任编辑	李　丽
责任技编	冼志良
责任校对	李瑞苑

广东旅游出版社出版发行

地　　址	广东省广州市荔湾区沙面北街71号首、二层
邮　　编	510130
电　　话	020-87347732（总编室）　020-87348887（销售热线）
投稿邮箱	2026542779@qq.com
印　　刷	三河市腾飞印务有限公司
	（地址：三河市黄土庄镇小石庄村）
开　　本	710毫米×1000毫米 1/16
印　　张	17
字　　数	245千
版　　次	2016年11月第1版
印　　次	2024年8月第2次印刷
定　　价	69.80元

本书若有倒装、缺页影响阅读，请与承印厂联系调换，联系电话 0316-3153358

序　言

生活是什么？生活是一首歌，一场游戏，生活是一壶陈年老酒……每个人都应学会享受生活，轻松而快乐地度过每一天。

把自己的心态摆正，用一颗平常的心态，去体味人生，享受生活，去迎接大自然对人生的挑战，深刻认识到酸甜苦辣乃是人生的真谛，兴衰荣辱既是自然界赋予人类永不衰败的交响曲，同时还存在着大自然与万物之间相生相克的深奥道理。而享受生活，就是不被功名利禄所牵绊，对人生路上的沉浮不仅要看得开，想得远，还要拿得起，放得下。不要在鲜花与掌声之中而飘飘欲仙；不要在失败与磨难中而心灰意冷；不要在顺境中目空一切；不要逆境中停滞不前。而要在"繁华过尽皆成梦，平淡人生才是真"中去品味人生的真正含义；要能够在"酸甜苦辣皆有味，兴衰荣枯皆自然"当中去享受生活的真滋真味！

享受生活，有什么就享受什么吧。对于一杯清茶来说，并不比一杯咖啡逊色，挽着爱人散步并比不坐"宝马"兜风缺乏情趣，全家团聚喝着稀饭的那种境界并不比坐在音乐厅中的茫然心情更让人感到真实。

只有学会享受生活，才能做到更加珍惜生活，从而，激发你创造生活，生活才会有奇迹出现。

本书旨在带领读者领略幸福生活的12种心态，帮助读者从自我的角度内外兼修，真切、实在地学会享受幸福生活。

凡事别跟自己过不去。别跟自己过不去，是一种精神的解脱，它会促使我们从容地走自己的路，做自己喜欢的事。假如我们不痛快，也要学会原谅自己，这既是对自己的爱护，又是对生命的珍惜。

你为什么会过不去。人无完人，物无无瑕，有时不要过于执着，能过就过，也许你会觉得失去了本应有的原则，但是生活如果太过于执着，只能用一字给其定论，那就是"累"。

何苦要为难自己。不要为难自己，做人本来就很难，干吗还要为难自己。只要你做好应该做的事情，就是值得称赞的。

没有必要的伤害。生活中，一个无法回避的事实是，每一个人的能耐总是十分有限，没有一个人样样精通，所以，你没有必要怨天尤人、优柔寡断、自卑自贱，这些只能让你迷失自我，走进伤心的死胡同。

多爱自己一点点。解决坏心情很简单，就是收起坏心情，每天多爱自己一点点。

高兴点，别忧郁。只要向着阳光，阴影留在你背后，人生没有过不去的坎。最优秀的人就是你自己，让乐观主宰你一生，高兴些，别忧郁，做个开心的人！

别为小事生气。对待一些委屈和难堪的遭遇，在内心转变成另一种心情，以健康积极的态度去化解这一切。如果能从中得着更大的益处，不也是另一种收获吗？

再苦也要笑一笑。在漫漫的人生旅途中，碰到失意并不可怕，即使受挫也无须忧伤。只要我们心中的信念没有萎缩，即使大雪纷飞，人生之旅也不会为之中断。

放弃也如花般美丽。学会放弃，才能卸下人生的种种包袱，轻装上阵，迎接生活的转机，度过风风雨雨。懂得放弃，才拥有一份成熟，才会更加充实、坦然和轻松。

不妨跟不完美和解。任何过于注意不完美的行为都会将我们从慈善柔和的目标上拉开。要认识到尽管总有更好的做事方式，但这并不意味着你就不能喜爱和欣赏它的现状。此处的解决之道便是：当你陷入旧习，坚持认为事物应当有所不同时，截住你自己，温和地提醒自己此刻的生活没有什么不好。

把烦恼关在门外。不要让琐事牵绊自己，把烦恼关在门外。因为生命中的许多东西是不可以强求的，生活本身就是不公平的，生活需要有张有弛，我们需要珍惜每一天，活在喜悦中。

别让快乐擦肩而过。生而为人即是一种快乐，快乐是人生的主题。只要我们用心去体会，以饱满的热情去对生活，就能快乐度过每一天。

如果在你的眼里，大千世界万事万物都是那么的不顺畅，堵心得很，你活着就不会轻松愉快。凡事不要太在意，心胸宜空不宜实。

活着是幸福的。为生命的延续，我们享受空气，享受阳光，享受大自然的一切馈赠。为了生命的那份不可替代的美妙，想法好好儿地活着，活出一个人样儿。

第一章

珍爱生活,凡事别跟自己过不去　　　　　　　　1

> 　　凡事别跟自己过不去,是一种精神的解脱,它会促使我们从容地走自己的路,做自己喜欢的事。真的,假如我们不痛快,要学会原谅自己,这样心里就会少一点阴影。这既是对自己的爱护,又是对生命的珍惜。

▶ **第二章**

人生艰难,你为什么会过不去　　　　27

人无完人,物无无瑕,有时不要过于执着,能过就过,也许你会觉得失去了本应有的原则,但是生活如果太过于执着,只能用一字给其定论,那就是"累"。

▶ **第三章**

做人不易, 何苦要为难自己　　　　51

不要为难自己,做人本来就很难,干吗还要为难自己。只要你做好应该做的事情,就是值得称赞的。在生命结束的时候,一个人如能问心无愧地说:"我已经尽了最大的努力。"那么他就此生无悔了。

▶ **第四章**

能力有限,避开没有必要的伤害

> 生活中,一个无法回避的事实是,每一个人的能耐总是十分有限,没有一个人样样精通,所以,人人都可在某些方面成为我们的老师。所以,你没有必要怨天尤人、优柔寡断、自卑自贱等,这些只能让你迷失自我,走进伤心的死胡同。

第五章

改变心情，多爱自己一点点　　101

解决坏心情很简单，就是收起坏心情，每天多爱自己一点点，比如：换个新发型、买一件心仪已久的服装、去健身房做一次大汗淋漓的健身运动、睡个美容觉或是敞开肚皮去饱餐一顿，等等。这些都是缓解心情的良药。

第六章

积极乐观，别让忧郁打败你　　127

快乐是一种心情，宽容是一种仁爱的光芒，智慧是一种达到人生快乐的方法。只要向着阳光，阴影留在你背后，人生没有过不去的坎。最优秀的人就是你自己，让乐观主宰你一生，高兴些，别忧郁，做个开心的人！

▶ **第七章**

追逐梦想，别为小事而生气 149

别为小事生气，对待一些委屈和难堪的遭遇，在内心转变成另一种心情，以健康积极的态度去化解这一切。如果能从中得着更大的益处，不也是另一种收获吗？

▶ 第八章

磨炼心智,再苦也要笑一笑　　　171

在漫漫的人生旅途中,我们碰到失意并不可怕,即使受挫也无须忧伤。只要我们心中的信念没有萎缩,即使大雪纷飞,人生之旅也不会为之中断。其实人生路上的艰难险阻是人生对我们另一种形式的馈赠。坑坑洼洼也是对我们意志的磨炼和考验。

▶ 第九章

轻装上阵,放弃也如花般美丽　　　193

放弃也是一种坚强,因为彻底拒绝一个方向,就永远不需要再浪费精力和判断,反而可以拥有更多的自我,那也是一种解脱。而实际上学会放弃要比学会坚持更难得,因为那需要更多的勇气和智慧。学会放弃,才能卸下人生的种种包袱,轻装上阵,迎接生活的转机,度过风风雨雨。懂得放弃,才拥有一份成熟,才会更加充实、坦然和轻松。

▶ 第十章

顺其自然，不妨跟不完美和解 215

任何过于注意不完美的行为都会将我们从慈善柔和的目标上拉开。要认识到尽管总有更好的做事方式，但这并不意味着你就不能喜爱和欣赏它的现状。此处的解决之道便是：当你陷入旧习，坚持认为事物应当有所不同时，截住你自己，温和地提醒自己此刻的生活没有什么不好。

第十一章

有张有弛，把烦恼都关在门外　　231

不要让琐事牵绊自己，把烦恼关在门外。因为生命中的许多东西是不可以强求的，生活本身就是不公平的，生活需要有张有弛，我们需要珍惜每一天，活在喜悦中。

第十二章

快意人生，别让快乐擦肩而过　　255

生而为人即是一种快乐，快乐是人生的主题。只要我们用心去体会，以饱满的热情去对待生活，就能快乐度过每一天。

第一章　珍爱生活，凡事别跟自己过不去

　　凡事别跟自己过不去，是一种精神的解脱，它会促使我们从容地走自己的路，做自己喜欢的事。真的，假如我们不痛快，要学会原谅自己，这样心里就会少一点阴影。这既是对自己的爱护，又是对生命的珍惜。

处处诱惑皆陷阱

诱惑就如吸毒一样，一旦染上，你就很有可能在那漩涡里无法自拔。诱惑是很吸引人的东西，但也是如利剑一样伤人，不是所有人都能够抵挡诱惑，也不是所有人都可以逃离陷阱。

我们每个人一生会遇到很多诱惑与陷阱。要么是我们被别人诱惑，要么我们去诱惑别人。其实每个人都经受不住诱惑，只是每个人被诱惑的底线不同。

有的人也许克制住自己潜在欲望与内在的野心。有些人却很难管住自己，明知是泥塘，是深渊，也要往下跳。有了诱惑的第一步，当然就有陷阱。既然别人帮你得到了你想要，又期盼得到物质与权力地位，你总得付出点什么吧，也要补偿别人什么。纵使别人不说，但你自己内心又有多少可以承受与接纳的底线？

这个社会越来越开放，越来越均衡发展，无论你是诱惑别人，还是你迷惑你自己，找准本我最重要，不然到头来你会在诱惑的陷阱里麻痹与挫败。

据说，东南亚一带有一种捕捉猴子的方法非常有趣。当地人将一些美味的水果放在箱子里面，再在箱子上开一个小洞，大小刚好让猴子的手伸进去。猴子经不住箱子中水果的诱惑，抓住水果，手就抽不出来，除非它把手中的水果丢下。但大多数猴子恰恰不愿丢掉到手的东西，以致当猎人来到的时候，不需费什么气力，就可以很轻易地捉住它们。

其实，人又能比猴子高明多少呢？现实生活中许多人无法抗拒诸如金钱、权利、地位的诱惑，沉迷其中而不能自拔。诱惑是个美丽的陷阱，落入其中者必将害人害己，无法自救；诱惑又是枚糖衣炮弹，无分辨能力者必定被击中；诱惑还是一种致命的病毒，会侵蚀每一个缺乏免疫力的大脑。

经不住金钱诱惑者，信奉金钱至上，金钱万能。说什么"金钱主宰一切"，

"除了天堂的门，金子可以叩开任何门"等等。他们视金钱为上帝，不择手段去得到它。他们一边用损坏良心的办法挣钱，一边又用损害健康的方法花钱。钱越多的人，内心的恐惧越深重，他们怕偷，怕抢，怕被绑票。他们时时小心，处处提防，惶惶不可终日，寝食难安。恐惧的压力造成心理严重失衡，哪里有快乐可言？其实，钱财乃身外之物，生不带来死不带走，应该取之有道，用之有度。金钱也并非万能，健康、友谊、爱情、青春等都无法用金钱购买。金钱是一个很好的奴隶，但却是一个很坏的主人，我们应该做金钱的主人，而不应该沦为它的奴隶。

落入权势诱惑之陷阱者，终日处心积虑，热衷于争权斗势，一朝不慎就会成为权力倾轧的牺牲品，永生不得翻身。结党营私，各树党羽，明争暗斗，机关算尽，到头来，算来算去算自己。过于沉迷权势的人，为了保住自己的"乌沙帽"，处处阿谀奉承，事事言听计从，失去了做人的尊严，更不用说有什么做人的快乐了？

经不住美色诱惑者，流连忘返于脂粉堆中，醉生梦死于石榴裙下。古往今来，不知有多少王侯将相的前程断送在声色之中。君不见，李隆基因了一个杨玉环，终日不理朝政，最终导致权奸作乱，好端端一个开元盛世顷刻间土崩瓦解。吴三桂为了一个陈圆圆，冲冠一怒为红颜，引清兵入关，留下千古罪名。

"塞翁失马，焉知非福"。这世界的游戏规则也是相同的，有得有失。当你接受一种诱惑时，随之而来的就是某些变故与失落，你一定要考虑好，诱惑背后是什么？对你的未来是永远的平坦，还是暂时的辉煌。

这个世界太浮躁，有太多的诱惑，一不小心就会掉入这个美丽的陷阱。所以，为人一定要坚守本分，拒诱惑于门外。

只要我过得比你好

俗话说："知足常乐。"做人首先要满足，然后再抱着友善的态度和别人比，比学习，比进步，而不是比享乐，只有这样才能共同进步，才能真正体会到生活的乐趣。

有一项调查表明，95%的都市人都有或多或少的自卑感，在一生之中几乎所有人都会有怀疑自己的时候，感到自己的境况不如别人。

这是为什么呢？潜藏在人心中的好胜心理、攀比心理是这一问题的根源。我们总把他人当作超越的对象，总希望过得比别人好，总拿别人当参照物，似乎没有别人便感觉不到自身存在的价值。于是，工作上要和同事比，比工资，比资格，比权力……生活上要和邻居比，比住房，比穿着，比老婆，就连孩子也不能放过，也成了比的牺牲品，"我的孩子班里学习第一名，比你的儿子强"，洋洋得意者说。既然是比，自然要比出个高下，比别人强者，趾高气昂，夜郎自大。不如别人者便想着法子超过他，实在超不过便拉别人后腿，连后腿也拉不住者便要承受自卑心理的煎熬。

如果我们能持一种积极的态度去和别人比较，不如别人时便积极进取，争取更上层楼；比别人强时便谦虚谨慎，乐观待人，岂不更好？

事实上，天外有天，人外有人，我们不可能在任何方面都比别人强，胜过别人。太要强的人，一味和比自己强的人比，结果由于心灵的弦绷得太紧了，损耗精神，很难有大的作为。雨果在《悲惨世界》中说："全人类的充沛精力要是都集中在一个人的头颅里，全世界要地都聚集于一个的脑子里，那种状况，如果延续下去，就会是文明的末日。"俗话说，学业有先后，术业有专攻。每一个人都有自己的特长，也都有自己的短处，一个人只要在自己从事的专业领域中有所成就便不虚此生。千万不要看到别人的一点长处就失去心理平衡。每一个人把自己做好是最重要的，最好不要与别人比高低，比大小。

每一个人在这个世界上都具有独一无二的价值，就像人的手指，有大有小，有长有短，它们各有各的用处，各有各的美丽，你能说大拇指就比小拇指好吗？

一味和别人比是件不聪明的事，因为即便胜过别人，又会有"枪打出头鸟，出头的椽子先烂"的危险。古人云："步步占先者，必有人以挤之。事事争胜者，必有人以挫之。"生活中也确实是这样，如果一个人太冒尖，在各方面胜过别人，就容易遭到他人的嫉妒和攻击，而与世无争者反而不会树敌，容易遭人同情，所以说"人胜我无害，我胜人非福"。

其实，最好的处世哲学还是不与人比，做好你自己，每个人都有自己的生活方式，有自己存在的价值和理由，干吗要和别人比呢？如果心里难受，实在要比的话，倒不如把自己当作竞争对手，和自己的昨天比，今天和自己的昨天比，明天和今天比，一天比一天充实，一年比一年长进，这样既不会沾惹是非恩怨，自己还能更上层楼，岂非自求多福？当然，比也并非是有百害而无一利的，它在形成竞争，推进社会前进中有不可磨灭的作用。现代社会是一个竞争的社会，如果大家都不争先，都去争"后"，那么社会如何发展进步呢？

第一章 珍爱生活，凡事别跟自己过不去

欲望太多心难静

欲望就像是一条锁链，一个牵着一个，永远都不会满足。我们每个人都有欲望，但欲望太多了，人就会变得疲惫不堪，更无法静下心来去做真正想做的事。所以，欲望是需要控制的，幸福的人其实是知道控制自己内心欲望的人，不会被欲望牵着鼻子走。

这是一个极具诱惑力的社会，这是一个欲望膨胀的年代，人们的心里总是塞满欲望和奢求。追名逐利的现代人，总是奢求穿要高档名牌，吃要山珍海味，住要乡间别墅，行要宝马香车。一切都被欲望支配着。

法国杰出的启蒙哲学家卢梭曾对物欲太盛的人做过极为恰当的评价，他说："十岁时被点心、二十岁被恋人、三十岁被快乐、四十岁被野心、五十岁被贪婪所俘虏。人到什么时候才能只追求睿智呢?"的确，人心不能清净，是因为欲望太多，欲望的沟壑永远填不满，人心永不知足，没有家产想家产，有了家产想当官，当了小官想大官，当了大官想成仙……精神上永无宁静，永无快乐。

伟大的作家托尔斯泰曾讲过这样一个故事：有一个人想得到一块土地，地主就对他说，清早，你从这里往外跑，跑一段就插个旗杆，只要你在太阳落山前赶回来，插上旗杆的地都归你。那人就不要命地跑，太阳偏西了还不知足。太阳落山前，他是跑回来了，但人已精疲力竭，摔个跟头就再没起来了。于是有人挖了个坑，就地埋了他。牧师在给这个人做祈祷的时候说："一个人要多少土地呢? 就这么大。"

人生的许多沮丧都是因为你得不到想要的东西。其实，我们辛辛苦苦地奔波劳碌，最终的结局不都是只剩下埋葬我们身体的那点土地吗? 伊索说得好："许多人想得到更多的东西，却把现在所拥有的也失去了。"这可以说是对得不偿失最好的诠释了。

其实，人人都有欲望，都想过美满幸福的生活，都希望丰衣足食，这是人之常情。但是，如果把这种欲望变成不正当的欲求，变成无止境的贪婪，那我们就无形中成了欲望的奴隶了。在欲望的支配下，我们不得不为了权力，为了地位，为了金钱而削尖了脑袋向里钻。我们常常感到自己非常累，但是仍觉得不满足，因为在我们看来，很多人比自己的生活更富足，很多人的权力比自己大。所以我们别无出路，只能硬着头皮往前冲，在无奈中透支着体力、精力与生命。

扪心自问，这样的生活，能不累吗？被欲望沉沉地压着，能不精疲力竭吗？静下心来想一想，有什么目标真的非得让我们实现不可，又有什么东西值得我们用宝贵的生命去换取？朋友，让我们斩除过多的欲望吧，将一切欲望减少再减少，从而让真实的欲求浮现。这样，你才会发现真实的，平淡的生活才是最快乐的。拥有这种超然的心境，你就能做起事来，不慌不忙，不躁不乱，井然有序。面对外界的各种变化不惊不惧，不愠不怒，不暴不躁。而对物质引诱，心不动，手不痒。没有小肚鸡肠带来的烦恼，没有功名利禄的拖累。活得轻松，过得自在。白天知足常乐，夜里睡觉安宁，走路感觉踏实，蓦然回首时没有遗憾。

古人云："达亦不足贵，穷亦不足悲。"当年陶渊明荷锄自种，嵇叔康树下苦修，两位虽为贫寒之士，但他们能于利不趋，于色不近，于失不馁，于得不骄。这样的生活，也不失为人生的一种极高境界！

人生好像一条河，有其源头，有其流程，有其终点。不管生命的河流有多长，最终都要到达终点，流入海洋，人生终有尽头。活着的时候，少一点儿欲望，多一点快乐，有什么不好?!

不为虚名所累

别为虚名所累，勇敢地面对一切真相。

虚名不是虚荣，虚荣是一种内心的虚幻荣耀感，会使人脱离现实看世界；而虚名是别人加给他的一种名誉。一般来说，名与实是相符的，一个人的名声和他实际所做出的贡献是相等的。但是，有些人获得了名誉之后，就不再发展自己的才能，也不再做出自己的贡献，这种名誉就和实际渐渐地不相符合了，也就成了虚名。

虚名会使人放弃努力，沉睡在他已经取得的名誉上，不思进取，最后将一事无成。中国古代有一个《伤仲永》的故事，说的就是被虚名所误的人生教训。

仲永小时候是个神童，过目不忘，能吟诗作赋，被人称颂，成为一时的名人。可是在他成名之后，沉醉在虚名之下，不再刻苦努力学习，渐渐地长大成人之后，他就和一般人一样了。他的那些天赋、才能也都离他而去了，一生无所作为。这就是虚名可以毁掉人生的例子。

一位作家朋友，极看重自己在公众心目中的形象，得了肝病，不愿告诉别人，也不去诊治，将病情当秘密一样守护，唯恐自己给人留下一个弱者的印象，结果到了挺不住的那一天已经晚矣，被人送进医院不到两个月便与世长辞，年龄不过四十三岁。可以说，他是被自己的名气累死的。

有个女人叫冯艳，曾是一位拥有数处豪宅、开着凌志车出入的款姐，她一掷千金的豪爽大方引得众人的惊羡，也为她自己赢得了"富贵侠女"的美誉。然而，几乎是在一夜之间，冯艳突然销声匿迹，她的豪宅和名车也都易主。一个千万富姐缘何突然一贫如洗了呢？

冯艳与丈夫李刚结婚时，李刚还只是一个被人瞧不起的某化工厂的临时工。为了与李刚结婚，父母都与她断绝了关系。为此，冯艳发誓一定要挣回面子。几年之后，冯艳终于等来了艳阳天。李刚果然大发了，成为7个房地产老板，身价千万。

丈夫有出息了，冯艳觉得应该挣回面子。她对丈夫说："咱们结婚的时候，婚礼办得太寒酸了，我一直在人面前抬不起头。你要是真想给我挣回面子，就给我补办一个风风光光的婚礼！"丈夫二话没说，一口答应了。冯艳在一家豪华大酒店补办了一场隆重气派的婚礼。那天的酒席一共摆了46桌，迎亲车队是清一色的高档豪华进口轿车，省电视台一位主持人为他们主持了婚礼。冯艳的父母终于放弃成见，满面春风地出席了女儿的婚礼。

爱慕虚荣撑起了冯艳越来越大的胃，她要求当了房地产开发商的丈夫每盖一片楼，都要留下一套自住宅。短短四五年的时间，他们就拥有了11套住宅。每次和朋友一起聚会时，冯艳都慷慨买单，给服务员的小费——出手就是四五百。有一次聚会，冯艳的一位好朋友被小偷割了包，丢失了两千元现金和一部手机，沮丧得没有心思唱歌。冯艳听说后，当即打开包甩给她一沓钱说："不就是两三千块钱吗？我补偿你的损失！"冯艳的豪爽、大方和仗义，使她在圈子里赢得了"富贵侠女"的美誉。然而，在丈夫眼里，妻子变得越来越让他不可理解，越来越让他反感。昔日纯真的冯艳，仿佛变成童话故事中的那个不断向小金鱼索要财宝、贪得无厌、俗不可耐的渔婆。终于，两人的婚姻走到了尽头。

离婚之后，冯艳好不容易挣来的面子又没了，她一下子从无限风光的顶峰跌落了下来。但她把面子看得比生命还重要，她不能让人们看她的笑话，她要不惜一切代价把丢失的面子挽回来。这样，她陆续卖掉了从前夫那里得来的六处房产和豪车来维持富姐的面子。最后甚至是手机……

本来，冯艳如果不是为了面子，靠着几处房产下辈子的生活完全不用担心。可是，就是为了保住面子，她丢了婚姻，丢了仅有的财产，甚至还执迷不悟，这不能不说是一个悲剧。

冯艳这样的情况，当然属于个别极端的例子。

名誉毕竟是人的身外之物，虽然很重要，但是，人的生命更重要。为了追求身外之物的名誉，而影响、损害、甚至送掉性命，就是舍本逐末。我们社会上有很多先进人物，他们常常在这种名誉下，生活得很苦很累，失去了常人生活的乐趣，总是想着自己的一言一行、一举一动都要符合自己的身份，这就像给自己戴上了名誉的枷锁，失去了生活的自由，也失去了生命的本真。

　　不为虚名所累，就是一切以人为本，该怎么做就怎么做，该追求自己的人生目标，就不要被眼前的花环、桂冠挡住了前面的道路，你应该毫不犹豫地抛开这一切身外之物，走自己的路，干自己的事，不因小成就妨碍自己的大成功，这样，才能使你获得真正的荣誉。

不为他人而活

别为他人而活，幸福是自己的感觉。

人生活在这个世界上，所追求的应当是自我价值的实现，并不是为了他人而活。如果你追求的幸福是处处参照他人的模式，那么你的一生都会悲惨地活在他人的价值观里。

生活中的我们常常很在意自己在别人的眼里究竟是一个什么样的形象，因此，为了给他人留下一个比较好的印象，我们总是事事都要争取做得最好，时时都要显得比别人高明。在这种心理的驱使下，人们往往把自己推上一个永不停歇的痛苦的人生轨道上。

事实上，人生活在这个世界上，并不是一定要压倒他人，也不是为了他人而活。人活在世界上，所追求的应当是自我价值的实现以及对自我的珍惜。不过值得注意的是，一个人是否实现自我并不在于他比他人优秀多少，而在于他在精神上能否得到幸福的满足。只要你能够得到他人所没有的幸福，那么即使表现得不高明也没有什么。

有一个叫珍妮的女人，她喜欢弹钢琴，每天都会弹上一段时间，尽管她的水平很一般。有一天下午，珍妮正在弹钢琴时，七岁的儿子走进来说："妈，你弹得不怎么高明吧？"

不错，是不怎么高明。任何认真学琴的人听到她的演奏都会退避三舍，不过珍妮并不在乎。多年来珍妮一直这样不高明地弹，弹得很高兴。

珍妮也喜欢不高明的歌唱和不高明的绘画。从前还自得其乐于不高明的缝纫，后来做久了终于做得不错。珍妮在这些方面的能力不强，但她不以为耻。因为她不是为他人而活，她认为自己有一两样东西做得不错，其实，任何人能够有一两样做得不错就应该够了。

不幸的是，不为他人而活已不时兴。从前一位绅士或一位淑女若能唱两句，画两笔，拉拉提琴，就足以显示身份。可是在如今竞相比拟的世界里，我们好像都该成为专家——甚至在嗜好方面亦然。你再也不能穿上一双胶底鞋在街上慢跑儿圈做健身运动。认真练跑的人会把你笑得不敢在街上露面——他们每星期要跑三十公里，头上缚着束发带，身上穿着昂贵的运动装，脚上穿着花样新奇的跑鞋。不过，跑步的人还没有跳舞狂那么势利。也许你不知道，"去跳舞"的意思已不再是穿上一身漂亮服装，星期六晚上陪男友到舞厅去转几圈。"跳舞"是穿上紧身衣裤，扎上绑腿，流汗做六小时热身运动，跳四小时爵士音乐课。每星期如此。

你在嗜好方面所面对着的竞争，很可能和你在职业上所遭遇的问题一样严重。"啊，你开始织毛线了，"一位朋友对珍妮说，"让我来教你用卷线织法和立体织法来织一件别致的开襟毛衣，织出十二只小鹿在襟前跳跃的图案。我给女儿织过这样一件。毛线是我自己染的。"珍妮心想，她为什么要找这么多麻烦？做这件事只不过是为了使自己感到快乐，并不是要给别人看以取悦别人的。直到那时为止，珍妮看着自己正在编织的黄色围巾每星期加长五至六厘米时，还是自得其乐。

从珍妮的经历中我们不难看出，她生活得很幸福，而这种幸福的获得正在于她做到了不为了向他人证明自己是优秀的，而有意识地去索取别人的认可。改变自己一向坚持的立场去追求别人的认可并不能获得真正的幸福，这样一条简单的道理并非人人都能在内心接受它，并按照这条道理去生活。因为他们总是认为，那种成功者所享受到的幸福就在于他们得到了我们这个世界大多数人的认可。

人们曾一度耽于一些幻想。假定你确实希冀从他人那儿得到认可，更进一步假定得到这种认可是一种健康的目标，脑子里装满这种假定后，你就会想到，实现你的目标的最好最有效的途径是什么呢？在回答这一问题之前，你的脑子里就会想象你的生命中有这样一个似乎获得了大多数人认可的人。这个人是一个什么样的人呢？他怎样行事呢？他吸引每个人的魅力何在呢？你的脑中这个人的形象也许就是一个坦率、不转弯抹角的人，也许就是一个不轻易苟同他人意见的人，也许就是一个实现了自我的人。不过，出乎意料的是，他可能很少或没有时间去寻求他人的认可。他很可能就是一个不顾后果实话实说的人。他也许发现策略和手腕都不如诚实正直重要。他不是一个容易受伤的人，而是一个没有时间去想那些巧舌如簧和将话说得很有分寸之类的雕虫小技的人。

这难道不是一个嘲讽吗？似乎得到了生命中最多认可的人却是从不为他人而活的人。

下面的这则寓言也许很能说明问题，因为幸福无须寻求他人的认可。

一只大猫看到一只小猫在追逐它自己的尾巴，于是问："你为什么要追逐你自己的尾巴呢?"小猫回答说："我了解到，对一只猫来说，最好的东西便是幸福，而幸福就是我的尾巴。因此，我追逐我的尾巴，一旦我追逐到了它，我就会拥有幸福。"大猫说："我的孩子，我曾经也注意到宇宙的这些问题。我曾经也认为幸福在尾巴上。但是，我注意到，无论我什么时候去追逐，它总是逃离我，但当我从事我的事业时，无论我去哪里，它似乎都会跟在我后面。"

获得幸福的最有效的方式就是不为别人而活，就是避免去追逐它，就是不向每个人去要求它。通过和你自己紧紧相连，通过把你积极的自我形象当作你的顾问，通过这些，你就能得到更多的认可。

当然，你绝不可能让每个人都同意或认可你所做的每一件事，但是，一旦你认为自己有价值，值得重视，那么，即使你没有得到他人的认可，你也绝不会感到沮丧。如果你把不赞成视作是生活在这一星球上的人不可避免地会遇到的非常自然的结果，那么你的幸福就会永远是自己，因为，在我们生活的这一星球上，人们的认知都是独立的，人人都应该为自己而活。

第一章 珍爱生活，凡事别跟自己过不去

放纵自己等于自杀

在《礼记》一书中早有记载："敖不可长，欲不可从，志不可满，乐不可极。"

人生在世，苛求自己，往往活得太累，而放纵自己，容易误入歧途。随"心"所欲的结果，肯定是伤痕累累。为逞一时之快而以事后的痛苦为代价，实在是划不来。总之，任何事情都要讲究个度，要学会自制，千万别放纵自己。

生活中小事无度，则会伤身。比如适量饮酒，活血化瘀，失度则伤肝；适时睡眠，除困解乏，过度则精神倦怠；言多必失，食多必胖。

人生如果放纵自己，没有自制力，则会伤"心"。业余搞点爱好，利于放松，可如果失度，则会玩物丧志；工作上相互竞争可以相互促进，失度则会相互攻击，变友为敌。

2000年小布什击败戈尔成功当选为美国总统。但你可曾想到，就是这样堂堂的美国总统，年轻时候却是放荡不羁，缺乏自制力的"坏"青年。

学生时代的布什，学习成绩一般，但对于吃喝玩乐他却样样在行。平时他整天与"狐朋狗友"四处游荡，无所事事。他最大的喜好是开着自己那辆哈雷·戴维斯摩托车，带着时髦女孩，在大街上飙车。除此之外，每天晚上，他总是泡在各色舞厅里，不到深夜不会回家，而且每次都是醉醺醺的。

老布什看儿子如此不济，多次谆谆教导，但是，小布什总把父亲的话当耳旁风，依然故我。

直到有一天，一个很特别的姑娘出现在他面前，她的美丽和纯洁一下打动了"花花公子"。在这位姑娘的影响之下，小布什警醒了，他慢慢克制住自己的放纵行为，奋发努力，投入政界。经过一番比拼，他终于成就了自己的辉煌，登上了总统的宝座。

自制是一种美德，节制是一种策略，恰到好处的适度，是身心健康的前提。民间有这样一个有关生活有度而能长寿的传说：

　　在泰山脚下有一块"三笑石"。传说从前有三位百岁老翁，经常在这块石头前锻炼身体，他们个个神采奕奕，精神矍铄。有人问他们长寿的秘诀。

　　甲说："饭前一盅酒。"

　　乙说："饭后百步走。"

　　丙说："老婆长得丑。"

　　三人说完哈哈大笑，"三笑石"因此得名。

　　三位寿星的养生秘诀十分简单，却耐人寻味。饭前适量饭酒可以开胃，饭后适当运动有助消化，而老婆丑则可能会像苏格拉底所说："老婆丑，可能会成为一个哲学家"。

　　培根说："幸运所需要的美德是节制。"为了幸福生活，一定要学会节制，因为放纵自己就是自杀。

第一章　珍爱生活，凡事别跟自己过不去

压力乃都市人的致命伤

"压力"曾一度被视为促使人类能够生存的重要因素。克服压力，是一种天生面对危险时所产生的反应，一种直接由远古的祖先遗传至现代人的感觉；可惜的是，压力只会制造麻烦而一无是处。有些人却善用压力，他们信服于"压力不会使人死、压力只会令人强"的神圣理念，透过现代科学的研究和分析也证实了这只不过是自欺欺人的谎言罢了。

压力，这个自谓为前进动力的孪生姐妹，已成了都市人的致命伤，它严重影响了都市人的生活质量。一个女中学生因不能承受学习的重负而离家出走，某企业老总因再也无法承受整天的员工讨工资，银行讨贷款，老婆闹离婚的生活而跳楼自杀的。生活的压力太大，以致他们无法承受，所以才走上了绝路。

现在都市人在充分体验高科技成果所带来的前所未有的愉悦的同时，也正忍受着它带给人们的巨大压力。在"时间就是效益"，"时间就是金钱"等类似观念的感召下，人们与时间赛跑，丝毫不敢怠慢地填满每一分每一秒，忙工作，忙进修，忙休闲，连吃饭都分秒必争，去吃快餐。在这样的快节奏生活下，工作压力，学习压力、生活压力等一齐向人们袭来。身强力壮，承受力大者，挺身憋气，强自为之；心理素质差，承受力弱者，恐慌、失眠。

人不能没有压力，但压力不是越多越好。我们应一分为二地看待压力，应该看到它在督促人们前进中的作用。每一个人都有一个压力的承受极限，即阈值，超过这个极限，如不能及时排解，就要出问题。现代都市人压力普遍已超过压力的警戒线，许多人甚至于已经超过阈值，这也正是心理医生日益红火的原因。当然，如果压力太小或没有压力，人们就会失去动力，不思进取。俗话说："人要逼，马要骑"。每个人应根据自身条件，把压力维持在最佳程度，只有这样才能临压不惧，真正体验快乐生活。

你有多久没有躺卧在草地上，凝望苍穹，望天上云卷云舒，看夜空繁星闪烁了？你有多久没有亲近大地，观草木荣衰了？你有多久没有陪家人朋友共享一顿丰盛的烛光晚餐了？很久了吧？

在强大的压力之下，都市人每天总是忙、忙、忙，越忙碌，就越觉得生活茫然。不知为何要这么忙，却又是忙、忙、忙。于是，盲目、忙碌、茫然，成天游来荡去，累了、烦了，却还是摆脱不了。忙碌仿佛成了一种惯性，而一旦脱离了这种惯性，整个人又似没有了魂的幽灵，整天晃来荡去不知所措。偶尔工作的余暇有片刻的松懈，又仿佛是偷来的快乐，不敢受用。

加班加点工作在我们这个社会已成为非常普遍的现象，大家工作都太累了，没有时间和精力去享受生活中的其他乐趣，而那些双收入家庭的父母干脆把孩子们送到日托中心哺养。疲劳过度使得大家都成为生活中的失败者。

第一章

珍爱生活，凡事别跟自己过不去

人生待足何时足

　　人自懂事以来，便识得世间的种种需求和期待，以致街上熙熙攘攘，难得一见满足的表情。"人生待足何时足"，许多人怀有一显身手的想法，却以"待得如何如何"来搪塞自己，总希望有个满足的时候，到那时再寻身心的清闲，目前则只图一时的满足。

　　古今多少豪杰志士，都在名利二字上消磨尽了。眼前的众人，又何尝不是如此？升斗小民看不破"利"字，正如英雄豪杰放不下"名"字一般。因此，蝇营狗苟，竞志斗才，却不知名利自己到底可保留多久？

　　名加于身，满足是什么？利入于囊，受用的又有多少？名如好听之歌，听过便无；利如昨日之食，今日不见，而求取时，却殚智竭虑，不得喘息。快乐并不在名利二字，以名利所得的快乐求之甚苦，短暂易失。所以，智者看透了这一点，宁愿求取心灵的自由祥和，而不愿成为名利的奴隶。

　　前几天和朋友聊天，朋友说正为这一段时间老是做噩梦而痛苦。问及所梦内容，几乎全是梦见为了一点私利而与别人纠缠不休，甚至大打出手，好生苦恼。我便装做行家，为之解梦，劝他最近放下手中的生意，到处走走，躲一下"小人"，便可不再做噩梦。

　　朋友心中有事，自然不得清闲，即使在睡梦中也一样。而醒来时，更是驱赶此身，作无尽的追求。当时没敢与朋友直言，其实真正的"小人"是自己，是自己白日里老是想着为了蝇头小利去与人纠缠，所以才梦里不得安宁。如果整天为名利所累，万事扰心，不得安宁，即便物质生活上锦衣玉食，但精神压力不能排解，也只能辛苦万端。

　　古语说："天下熙熙，皆为利来，天下攘攘，皆为利往。"利当然是社会发展最有效的润滑剂，但不可过于看重名利，过于为名利奔波不休。随着商品经济的发展，我们每个人都生活在讲究效益的环境里，完全不言名利也是不可能的，但应正确对待名利，最好是"君子言利取之有道，君子求名，名正言顺"。

当然，最好的活法还是淡泊名利。因为名字下头一张嘴，人要是出了名，就会招为嫉妒，受人白眼，遭到排挤，甚至有可能由此而种下祸根。正如古语所说："木秀于林，风必吹之；堤高于岸，流必湍之；行高于人，从必非之。"而利字旁边一把刀，既会伤害自己，也可能伤害别人，小利既伤和气又碍大利。如果认为个人利益就是一切，便会丧失生命中一切宝贵的东西。

人生待足何时足？名利是无止境的，只有适可而止，才能知足常乐。其实心是人的主宰，名利皆由心而起，心中名利之欲无休止膨胀，人便不会有知足的时候。欲望就像与人同行，见到他人背有众多名利走在前面，便不肯停歇，而想背负更多的名利走在更前面，结果最后在路的尽头累倒。知足者能看透名利的本质，心中能拿得起放得下，心境自然宽阔。

一个人如若养成看淡名利的人生态度，面对生活，他也就更易于找到乐观的一面。但许多人口口声声说将名利看得很淡，甚至做出厌恶名利的姿态，实际是内心中无法摆脱掉名利的诱惑而做出自欺欺人的姿态，未忘名利之心，所以才时时挂在嘴边。好做个讨厌名利之论的人，内心不会放下清高之名，这种人虽然较之在名利场中追逐的人高明，却未能尽忘名利。这些心口不一的人，实际上内心充满了矛盾，但名利本身并无过错，错在人为名利而起纷争，错在人为名利而忘却生命的本质，错在人为名利而伤情害义。如果能够做到心中怎么想，口中怎么说，心口如一，本身已完全对名利不动心，自然能够不受名利的影响。那么不但自己活得轻松，与人交往也会很轻松了。

事实上，欲望就像与众人同行，见到他人背着众多的财物走在前面，便不肯停歇，而想背负更多的财物走在更前面，结果最后在路的尽头累倒，财物也未能尽用。若能及早明白心灵的满足才是真正的满足，也就不会为物欲所趋，过着表面愉快，内心却充满压力而紧张的生活。若到老时才因无力追逐而住手，心中感到的只是痛苦。在未老时就能明了这一点，必能尝到真正安闲的滋味。而不再像瞎眼的骡子，背上满负着糖，仍为挂在嘴前那块糖而奔波而死。真懂得生活情趣的人，绝不会把自己的生命浪费在永无止境的欲望之中，也不为无意义的事束缚自己的身心，随时都能保持身心最怡悦的状态，而不会做欲望的奴隶。

责任的包袱有多重

歌德说："责任就是对自己要求去做的事情有一种爱。"

生活中，常常听有人抱怨说活得太辛苦，压力太大，其实，这往往是因为我们还没有衡量清楚自己的能力、兴趣、经验之前，便给自己在人生各个路段设下了过高的目标，这个目标不是根据个人实际情况制定的，而是和他人比较制定的，所以每天为了完成目标，不得不背着责任的包袱去生活，不得不忍受辛苦和疲惫的折磨。

人首先要为自己负责任。有的人不看实际情况，要求自己必须考上名牌大学，必须学热门专业，认为这是自己的责任，只有这样才算完美人生。许多大学毕业生不愿去基层，不愿去艰苦地区，就是因为他们人生的背篓中背负有太多的责任。这种以私利为出发点的个人抱负，已褪变为一个包袱压在身上，让人喘不过气来。可有人却乐此不疲。

人们常说："什么事都归咎于他人是不好的行为。"但真的是这样的吗？许多人动不动就把错误归咎于自己，其实这也是不正确的观念。比如说有的人因孩子学习不好而整天苦恼，因孩子没考上大学而内疚。只要自己尽力去为孩子做该做的一切了，因为其他原因而落榜，怎么能把责任归到自己身上呢？再者说，塞翁失马又焉知非福呢？指不定孩子能在其他方面有成就呢。

了解自己，做你自己，就不必勉强自己，不必掩饰自己，也不会因背负太重的责任包袱而扭曲自己。如此，就能少一些精神束缚，多几分心灵的舒展，就少一点自责，多几分人生的快乐。

有的人对自己和社会格格不入的个性感到相当烦恼，可是后来把它想成：这种个性是与生俱来的，是上天所赐予的，并非自己努力不够。这样一想，也就不再责备自己，不再烦恼了。

生活中有许多不快乐与抱怨生活烦闷，感到人生不顺的时候，应该让自己明智一点，不要用"高标准"去为难自己，卸掉自己背负的沉重包袱，不再折磨自己。

歌德曾经说过："责任就是对自己要求去做的事情有一种爱。"只有认清了在这个世界上要做的事情，认真去做自己喜爱的事，我们就会获得一种内在的平静和充实。知道自己的责任之所在，并背负了适合自己的责任包袱，我们就能体会到人生旅途的快乐。

第一章 珍爱生活，凡事别跟自己过不去

赢了世界又如何

　　人活一辈子，不要太浮躁，就算你赢了世界又如何？该放下的都放下吧，不要为难自己，凡事别跟自己过不去！

　　待人接物以报宽厚态度最为快乐，因为给人家方便就是为自己以后打开了方便之门。善于领兵作战的将领，不逞其勇武；善于作战的人，不容易激怒；善于取胜的人，讲究战略战术，一般不与敌方正面交锋。所以必须懂得"真忍"的价值。

　　一天，孔子的得意门生颜回去街上办事，见一家布店前围满了人。他上前一问，才知道是买布的跟卖布的发生了纠纷。

　　只听买布的大嚷大叫："三八就是二十三，你为啥要我二十四个钱？"

　　颜回走到买布的跟前，施一礼说："这位大哥，三八是二十四，怎么会是二十三呢？是你算错了，不要吵啦。"

　　买布的仍不服气，指着颜回的鼻子说："谁请你出来评理的？你算老几？要评理只有找孔夫子，错与不错只有他说了算！走，咱找他评理去！"

　　颜回说："好。孔夫子若评你错了怎么办？"

　　买布的说："评我错了输上我的脑袋。你错了呢？"

　　颜回说："评我错了输上我的帽子。"

　　二人打着赌，找到了孔子。

　　孔子问明了情况，对颜回笑笑说："三八就是二十三哪！颜回，你输啦，把帽子取下来给人家吧！"

　　颜回从来不跟老师斗嘴。

　　他听孔子评他错了，就老老实实摘下帽子，交给了买布的。

　　那人接过帽子，得意地走了。

　　对孔子的评判，颜回表面上绝对服从，心里却想不通。他认为孔子已老糊涂，便不想再跟孔子学习了。

第二天，颜回就借故说家中有事，要请假回去。

孔子明白颜回的心事，也不挑明，点头准了他的假。

颜回临行前，去跟孔子告别。

孔子要他办完事即返回，并嘱咐他两句话："千年古树莫存身，杀人不明勿动手。"

颜回应声"记住了"，便动身往家走。路上，突然风起云涌，雷鸣电闪，眼看要下大雨。颜回钻进路边一棵大树的空树干里，想避避雨。他猛然记起孔子"千年古树莫存身"的话，心想，师徒一场，再听他一次话吧，又从空树干中走了出来。他刚离开不远，一个炸雷，把那棵古树劈个粉碎。颜回大吃一惊：老师的第一句话应验啦！难道我还会杀人吗？

颜回赶到家，已是深夜。

他不想惊动家人，就用随身佩戴的宝剑，拨开了妻子住室的门闩。

颜回到床前一摸，啊呀呀，南头睡个人，北头睡个人！他怒从心头起，举剑正要砍，又想起孔子的第二句话"杀人不明勿动手"。他点灯一看，床上一头睡的是妻子，一头睡的是妹妹。天明，颜回又返了回去，见了孔子便跪下说："老师，您那两句话，救了我、我妻和我妹妹三个人哪！您事前怎么会知道要发生的事呢？"

孔子把颜回扶起来说："昨天天气燥热，估计会有雷雨，因而就提醒你'千年古树莫存身'。你又是带着气走的，身上还佩戴着宝剑，因而我告诫你'杀人不明勿动手'。"

颜回打躬说："老师料事如神，学生十分敬佩！"

孔子又开导颜回说："我知道你请假回家是假的，实则以为我老糊涂了，不愿再跟我学习。你想想：我说三八二十三是对的，你输了，不过输个帽子；我若说三八二十四是对的，他输了，那可是一条人命啊！你说帽子重要还是人命重要？"

颜回恍然大悟，"噗通"跪在孔子面前，说："老师重大义而轻小是小非，学生还以为老师因年高而欠清醒呢。学生惭愧万分！"

从这以后，孔子无论去到哪里，颜回再没离开过他。

人生福祸相依，变化无常。少年气盛时，凡事斤斤计较，锱铢必究，这还有情可原。一个人年事渐长，阅历渐广，涵养渐深，对争取之事应看得淡些，凡事不必太认真，顺其自然最好。如果少年就能如此，那就可称得上少年老成了。

凡事不必太认真，如果太较真，由于人是相互作用的，你表现出一分敌意，他有可能还以二分，然后你则递增为三分，他又会还回来六分……，把敌意换成善意，你会有多么大的收获。当"冤冤相报何时了"的双负，能成为"相逢一笑泯恩仇"的双赢时，不是人生最大的成功吗？

对周围的环境、人事，假如你有看不惯的地方，不必棱角太露，过于显示自己的与众不同。喜怒不形于色，是保护自己的一种方式。有首歌的歌词是如果失去了你，赢了世界又如何？同样，有时你争赢了你所谓的道，却可能失去更重要的，事总有轻重缓急之分，顶牛抬杠不养家，不要为了争一口气，而后悔莫及！

如果你的一生没有几件开心的事情，你的一天没有几声爽朗的笑声，那只证明你最不会活。

人活一辈子，需要的东西还真多。只有婴儿和老人活得最本真。婴儿刚生下来，还不会争、不会论、不会抢、不会夺，而老人已经和别人争过、论过、抢过和夺过了，现在他不得不躺在病榻上，身体破败得像一床棉絮，掐着手指数日子，生命进入了倒计时："要什么荣华富贵，要什么功名利禄呢？只要让我活着，就好！"是啊，临去之人，其言也善。

可是，为什么年轻时我们不会明白、不会生活、不会将最宝贵的光阴用在最有意义的事情上，而只会较劲，杯弓蛇影，无限矫情？

相信我们在生活中都有过为琐事生气的经历，无非是为了争高低、论强弱，可争来争去，谁也不是最终的赢家。你在这件事上赢了某个人，保不齐会在另一件事上输给他，输输赢赢，赢赢输输。当你闭上眼睛和这个世界告别的时候，你和普天下所有的人是一样的：一无所有，两手空空。

人生在世，最重要的是做一些有意义的事，才无愧于自己美好的生命。不要把时间耗在争名夺利上，不要总把"就争这口气"挂在嘴边。

真正有水平的人会把这口气咽下去，因为气都是争来的，你不争就没气，只有没气你才会做好事情，也只有没气你才会健康地活着，好生气的人很难不生病。

我们可以从绝症患者的眼神中读到痛苦绝望，也可以非常直观深刻地读出他们求生的欲望。

如果你放在他们面前是一座金山、一个显赫的位子、一个光荣的称号，他们一定不会感觉幸福，他们的最高愿望只是活着——健康地活着，哪怕住茅屋，哪怕吃糠咽菜，他们也一定不会觉得苦。可是，又有谁能满足他们这个愿望呢？世界上没有一个人能真正地救得了他们！

　　一个绝症感染者和一个健康人会争什么东西呢？他什么也不会和你争，因为他知道自己是要死的人了，拥有什么和失去什么都会变得没有意义，他只乞求上苍，再给他一次机会，再给他一些时间，他一定好好地活，好好地过……

　　人活一辈子，不要太浮躁，就算你赢了世界上又如何？

　　开心是一种生命的状态，是一种宁静的心情，是自己想开了的硕果，别人想争也是徒劳。开心让你忘记和别人争名利、论是非；和别人斗心眼儿、生真气；和别人抢位子、夺情感……开心给你一颗坦然的心，给你一个宽阔的视野，给你一个清醒的头脑，让你从忙着斗天、斗地、斗人，精心计算，日夜辗转中摆脱出来，让你明白自己的生活状态，让你明白自己一生到底需要什么，让你明白真正的幸福是什么，在何处，如何拥抱。

第一章　珍爱生活，凡事别跟自己过不去

第二章 人生艰难，你为什么会过不去

　　人无完人，物无无瑕，有时不要过于执着，能过就过，也许你会觉得失去了本应有的原则，但是生活如果太过于执着，只能用一字给其定论，那就是"累"。

拒绝骄傲的内心

人有时候是盲目的、自大的、目空一切的。人最难以克服的是内心的骄傲，自己以为的却是自己不知道的；自己知道的，却是没有理由、没有根据的。

生活中，每一个人的能耐总是十分有限，没有一个人样样精通，所以，人人都可在某些方面成为我们的老师。当自以为拥有一些才艺时，你要记住，你还十分欠缺，而且会永远欠缺。正所谓学业有先后，术业有专攻。一定不要自命清高，狂傲自负，不然，成功将与你无缘。

自负的人通常是相当自恃、有野心和难以相处的，而且对自己的成就感到相当的骄傲，尽管他们表现得很有自信，但是他们仍然会对形势估计不足而犯下大错。一个骄傲自负的人常会认为，世界上如果没有了他，人们就不知该怎么办了。殊不知，天外有天，人外有人，这个世界离了谁地球都照样转。这样的人总免不了失败的命运，因为骄傲，他们就失去了为人处世的准绳，结果总是在骄傲里毁灭自己。

傲慢自负的集大成者，似乎当推东汉的祢衡。

祢衡很有才华，但性情高傲，总是看不起别人。当时，许都新建的京城，贤人达士从四面八方向这里汇集。有人向祢衡说："你何不去许都，同名人陈长文、司马伯达结交呀？"祢衡说："我怎么能去同卖肉打酒的小伙计们混在一起呢？"又有人问他："荀文若、越稚长将军又怎么样呢？"祢衡说："荀文若外貌长得还可以，让他替人吊丧还行；越稚长嘛，肚子大，很能吃，可以让他去监厨请客。"

祢衡和鲁国公孔融及杨修比较友好，常常称赞他们，但那称赞却也傲得可以："大儿孔文举，小儿杨祖德，其余的都是庸碌之辈，不值一提。"祢衡称孔融为大儿，其实他比孔融小了将近一半的年龄。

孔融很器重祢衡之才，除了上表向朝廷推荐之外，还多次在曹操面前夸奖他。于是曹操便很想见见祢衡，但祢衡自称有狂疾，不但不肯去见曹操，反而说了许多难听的话。曹操十分恼怒，但念他颇有才气之分，又不愿贸然杀他。但后来，祢衡屡次侮辱曹操以及他手下官员，最终被杀。有一个成语叫"虚怀若谷"，意思是说，胸怀要像山谷一样虚空。这是形容谦虚的一种很恰当的说法。只有空，你才能容得下东西，而自满，除了你自己之外，容不下任何东西。

有一个自以为是的暴发户，去拜访一位大师，请教修身养性的方法。

但是打从一开始，这人就滔滔不绝地说个没完。大师在旁边一句话也插不上，于是只好不断地为他倒茶。只见杯中的水已经注满了，可是大师仍然继续倒水。

这人见状，急忙说："大师，杯子的水已经满了，为什么还要继续呢？"

这时大师看着他，徐徐说道："你就像这个杯子，被自我完全充满了，若不先倒空自己，怎么能悟道呢？"

生活之中，我们常常不自觉地变作一个注满水的杯子，容不下其他的东西。因而，学会把自己的意念先放下来，以虚心的态度去倾听和学习，你会发现大师就在眼前。

当然，也不能说骄傲就非得让人联想到"目空一切""狂妄自大""妄自尊大"这一类词。还有另外一种骄傲，那就是真正的骄傲是一种发自内心的感受，是因德艺超群而自信，因自信而从容淡定。古往今来，像李白的"天子呼来不上船""仰天长笑出门去，我辈岂是蓬蒿人"，自信"长风破浪会有时，直挂云帆济沧海"；曹操的"烈士暮年，壮心不已，老骥伏枥，志在千里。"他们的丰功伟业，壮志才情，就是发自他们内心的"骄傲"。这样的一种骄傲当然也是值得称颂的一种骄傲。

虚荣心强，面子第一

许多人常会掉入自己设置的陷阱里去，而此陷阱常由虚荣而成的。只要随便给点虚荣，即使明知自己的行为意义不大，也会像只无头苍蝇飞来飞去。

死要面子活受罪，这话说得一点也不假。生活中，总有一些爱慕虚荣的人为了面子而自己给自己找罪受。有些人越是没钱，越爱装阔，兜里明明没有几个钱了，却仍要请朋友进高档饭馆好好吃一顿；对方明明比自己富裕很多，自己却总是抢着买单；与人谈天，总要有意无意与别人说一些自己吃过的大餐，去过的高级场所。仔细想想，要这虚荣有何用呢？只是自己给自己找罪受。吃好喝好体面了满足虚荣之后，自己却食无米，穿无衣，住无所，行无鞋，困兽一般憋在角落里，何苦呢？由此想到一个比喻：死鸡撑硬脚。鸡虽然死了，可它的脚却还在硬撑着。想想确实有点可笑，死都死了，还硬撑个什么劲啊？！

究其爱面子的心理，根源就在于怕别人瞧不起自己，内心忐忑不安，所以当他们面对一件商品时，往往考虑虚荣比考虑价格的时候多，没钱的自卑像魔鬼一样缠得他们犹豫不决，最终屈服于虚荣，勉强买下自己能力所不能及的东西。于是，社会中有了一种怪现象，越穷的人越不喜欢廉价品，越是没有钱的人，就越爱花钱去显示自己。

其实，真正有钱的人未必如此大手大脚。有位身兼数家公司的董事长，他从来不在乎别人对他的称呼——小气财神。他和朋友去餐馆吃饭时，大都随便点一些菜，几杯清茶，仅此而已。他的衣着也很普通，但整洁，并不是什么名牌。他的车子也不是奔驰什么的，就是普普通通的一辆车而已。他的公司业绩很好，而且个人的资产也不菲，使他依然能够不被虚荣所累。

如果你再留心看那些旅游观光的外国客人，他们的穿着打扮，都是很随便和俭朴的，有的真是近于邋遢，事实上，这些人中不乏富豪之人。

面子有时是唬人的面具，光为面子活着是很累很可悲的，其实，一个人有无面子的关键不是富与不富的问题，而在于一个的品德。有时，"里子"比面子更重要。

那么，如何认知虚荣心和改变虚荣心呢？

1. 改变认知，认识到虚荣心带来的危害。

虚荣心强的人，在思想上会不自觉地渗入自私、虚伪、欺诈等因素，这与谦虚谨慎、光明磊落、不图虚名等美德是格格不入的。虚荣的人为了表扬才去做好事，对表扬和成功沾沾自喜，甚至不惜弄虚作假。他们对自己的不足想方设法遮掩，不喜欢也不善于取长补短。虚荣的人外强中干，不敢袒露自己的心扉，给自己带来沉重的心理负担。虚荣在现实中只能满足一时，长期的虚荣会导致非健康情感因素的滋生。

2. 端正自己的人生观与价值观。

自我价值的实现不能脱离社会现实的需要，必须把对自身价值的认识建立在社会责任感上，正确理解权力、地位、荣誉的内涵和人格自尊的真实意义。

3. 摆脱从众的心理困境。

从众行为既有积极的一面，也有消极的另一面。对社会上的一种良好时尚，就要大力宣传，使人们感到有一种无形的压力，从而发生从众行为。如果社会上的一些歪风邪气、不正之风任其泛滥，也会造成一种压力，使一些意志薄弱者随波逐流。虚荣心理可以说正是从众行为的消极作用所带来的恶化和扩展。例如，社会上流行吃喝讲排场，住房讲宽敞，玩乐讲高档。在生活方式上落伍的人为免遭他人讥讽，便不顾自己客观实际，盲目跟风设计，打肿脸充胖子，弄得劳民伤财，负债累累，这完全是一种自欺欺人的做法。所以我们要有清醒的头脑，面对现实，实事求是，从自己的实际出发去处理问题，摆脱从众心理的负面效应。

4. 调整心理需要。

需要是生理的和社会的要求在人脑中的反映，是人活动的基本动力。人有对饮食、休息、睡眠、性等维持有机体和延续种族相关的生理需要，有对交往、劳动、道德、美、认识等的社会需要，有对空气、水、服装、书籍等的物质需要，有对认识、创造、交际的精神需要。人的一生就是在不断满足需要中度过的。可人毕竟不能等同于动物，马克思指出："饥饿总是饥饿，但是用刀叉吃熟肉来解除的饥饿不同于用手、指甲和牙齿啃生肉来解除的饥饿。"在某种时期或某种条件下，有些需要是合理的，有些需要是不合理的。对一名中学生来说，对正常营养的要求是合理的，而不顾实际摆阔的需要就是不合理的。对干净整洁、符合学生身份的服装需要是合理的，而为了赶时髦，过分关注容貌而去浓妆艳抹、穿金戴银的需要就是不合理的。要学会知足常乐，多思所得，以实现自我的心理平衡。

法国哲学家柏格森说："一切恶行都围绕虚荣心而生，都不过是满足虚荣心的手段。"他的话虽然未必全对，但至少反映了相当一部分生活的真实。让我们用实事求是的武器，去战胜虚荣心理吧！

适者生存才是永恒真理

有的人还没有意识到世界环境变化的来临，有的人还天真地以为变革尘埃落定之后就能回到过去。安于现状是暗藏于人类内心最原始的惰性，这可以理解。但面对变化，唯一的解药就是"随机应变"，适者生存才是永恒的真理。

一只鲷鱼和一只蝾螺在海中，蝾螺有着坚硬无比的外壳，鲷鱼在一旁赞叹着说："蝾螺啊！你真是了不起呀！一身坚强的外壳一定没人伤得了你。"

蝾螺也觉得鲷鱼所言甚是，正洋洋得意的时候，突然发现敌人来了，鲷鱼说："你有坚硬的外壳，我没有，我只能用眼睛看个清楚，确知危险从哪个方向来，然后，决定要怎么逃走。"说着，说着，鲷鱼便"咻"的一声游走了。

此刻呢，蝾螺心里在想，我有这么一身坚固的防卫系统，没人伤得了我啦！

我还怕什么呢？便关上大门，等待危险的过去。

蝾螺，等呀等的，等了好长一段时间，也睡了好一阵子了，心里想呢：危险应该已经过去了吧！

也就乐着，想探出头透透气时，冒出头来一看，扯破了喉咙大叫："救命呀！救命呀！"

此时，它正在水族箱里，对面是大街，而水族箱上贴着的是：蝾螺××元一斤。

此时，不知你的感想如何，这篇禅学寓言告诉我们：过分封闭自己的人，都将丧失自我成长的机会，自陷危险之境而不自知！

同样的道理，你也听过煮青蛙的故事吧，当把一只青蛙放进一锅烧得滚烫的开水中时，它一下子就会从里面跳出来，但是把青蛙放在温水里，然后在锅底下慢慢加温，青蛙在温水里自由地游泳，当水温慢慢升高的时候这只青蛙丝毫没有感觉，当它感觉到不舒服想跳出来的时候，双腿已经没有力量——它被煮熟了！

面对改变，我们时常会觉得有些不习惯，或者感觉有些压力，甚至是恐惧，可是我要告诉你：这正是你成长的时刻！

迅猛的变化、爆炸的资讯、时间和空间的巨大变革，你我之间的距离都不存在了！整个地球也只是一个"地球村"而已！

竞争的游戏规则已在不知不觉中改变……

人们曾引以为豪的成功经验也在一夜之间褪去了它往日的魔力，"一招鲜"似乎也不一定能吃遍天了……

面对着变化，很多人开始感到困惑、压力……最后麻木或者习惯！痛苦或者快乐！

有一点肯定无疑，我们正在激烈地告别传统，传统的技术、传统的知识、传统的教育、传统的制度、传统的道德，甚至是传统的智慧！变化已经是这个时代唯一不变的特征！

你愿不愿意进入这个充满变化的 21 世纪呢？

谁都会发现，不管你愿不愿意，时代的步伐总是向前，它不会以你我的意志为转移，更不会等我们半步！

更多的变化！更多的挑战！当然其中也包含更多的机会！

《第五项修炼》作者彼得·圣吉说，在这个时代，你唯一的竞争优势就是比你的竞争对手学习得更快！更多！更好！

而学习的实质到底是什么呢？

没错，它就是"改变"！

相对于这个时代而言，我觉得"改变"一词还来得不够有力度，不如我们用"颠覆"一词！

颠覆你自己，否则竞争将颠覆我们！

你愿意吗？

烦恼都是自私带来的

私心是条虫，人若肯下狠心治死它，生命之树便会繁茂青翠，反之，怕它、爱它，一碰着它就疼得心如刀绞，等到虫子长大了，树就枯干了。

鸟瞰现今生活丰富多彩、新颖便利，可深入现代人群却发现人们心中充满了枯燥与疲惫。尽管发展给他们带来了不可替代的方便快捷，但人们没有感觉到活着轻松了，反而感觉越活越累。

这是何故？累从何来？累不是来源工作和劳动，而是因为心理上的忧愁烦恼压制了人们的自由，欲望的膨胀使他们因为票子没别人的多，房子没别人的洋，车子没别人的好，妻子没别人的靓，穿的不如别人的时尚，用的不如别人的高档；自己说了话，对方不服从；一点小利益自己没得到；什么事没按自己的意思……而烦恼愁苦。

仔细分析他们的这些烦恼无不是为自己而生的，都是以我为中心，以唯我独尊为原则而有的，这就是中国成语中的"自寻烦恼"，为了自己的私心而寻来的烦恼。

从前，有两位很虔诚、很要好的教徒，决定一起到遥远的圣山朝圣。圣者看到这两位如此虔诚的教徒千里迢迢去朝圣，十分感动地告诉他们："我要送给你们每人一件礼物！不过你们当中一个要先许愿，他的愿望会马上实现；而第二个人则可以得到那愿望的两倍。"

其中一个教徒心里想："太好了，我已经想好我要许什么愿了，但我不能先讲，那样的话太吃亏了，应该让他先讲。"而另一个教徒也怀有这样的想法："我怎么可以先讲，让他获得两倍的礼物。"于是，两个教徒就开始假装客气地推让起来。"你先讲！""你比我年长，你先许愿吧！""不，应该你先许愿！"两人彼此推来让去。最后两人都不耐烦起来，气氛一下子变得紧张起来。"你干吗呀？""你先讲啊！""为什么你不先讲而让我先讲？我才不先讲呢！"

到最后，其中一个气呼呼地大声嚷道："喂，你再不许愿的话，我就打断你的狗腿，掐死你！"另外一个见他的朋友居然和自己变脸，而且还恐吓自己，干脆把心一横，狠狠地说道："好，我先许愿！我希望……我的一只眼睛瞎掉！"

很快地，这位教徒的一只眼睛瞎掉了，而与此同时，他的朋友双眼也立即瞎掉了！本是一件皆大欢喜的事，因为两人的自私而成了悲剧。

这是一个耐人寻味的故事。

越南战争中，一个美国士兵打完仗后回到国内，在旧金山旅馆里他辗转反侧，夜不能寐。

午夜，他给家中的父母打了一个电话。

"爸爸，妈妈，我要回家了。但是我要你们帮一个忙，我要带一个朋友一起回来。"

"当然可以。"父母亲回答说，"我们见到他会很高兴的。"

"但是，有件事一定要告诉你们，他在那可恶的战争中踩响了一个地雷，受了重伤，他成了残疾人，少了一条腿和一只手。他已无处可去，我希望他能和我们住在一起。"

"我们为他感到遗憾。孩子，我们帮他另找一个地方住下，好吗？"

"不，他只能和我们住在一起。"

"孩子，你不知道，这样他会给我们造成很大的拖累，我们有我们的生活。孩子，你自己一个人回家来吧。他会有活路的。"话没说完，儿子的电话就断了。

父母在家等了许多天，未见儿子回来。

一个星期后，他们接到警察局打来的电话，被告知他们的儿子坠楼自杀了。

悲痛欲绝的父母飞到旧金山，在停尸房内，他们认出了他们的儿子，然而，他们惊愕地发现：他们的儿子少了一条腿、一只手。

所以人若想活得轻松，活得年岁长，就当放下私心，少为自己想，多为别人想，与此同时便会找到快乐。"助人为乐"嘛，在帮助别人的时候，你便会发现心灵上有一种说不出的快乐，心里乐了，脸上笑了，笑容是最好的化妆品，即使长得再丑，若用笑容来装饰便觉可爱，若长得很漂亮，天天愁眉苦脸，像别人欠他两吊钱似的，人人见了人人烦。

做人不可过于执着

人无完美，物无无瑕，有时不要过于执着，能过就过，也许你会觉得失去了本应有的原则，但是生活如果太过于执着，只能用一字给其定论，那就是"累"。

时间并不能治疗伤痛，只能淡化伤痛，让我们所经历的一点一滴去填充、去淡化这伤痛。也许失去会让人伤心欲绝，但不正是因为这种失去才让我们懂得珍惜吗？不正是因为失去才懂得自己的需要吗？失失得得，得得失失，所以我们不能因为失去，总沉溺于痛苦当中，应该在失去后懂得正视自己。

一位教授在上心理咨询课时听到一位妇女这样报告："每当我丈夫挤牙膏从中间压挤时，我就会抓狂！每个人都知道，应该从尾巴向前面开口处挤嘛！"

这个现象引起教授的注意，为此，教授在全班做了一次调查，看看牙膏该怎么挤。基本上，似乎大家都明白，牙膏应由尾端挤向开口处；然而调查结果显示，只有约一半的同学知道应由尾端先挤；而其他一半的同学竟认为，挤牙膏应从中间开始挤压！

当然，重点并不是你从牙膏的什么地方开始挤，而是你应该将牙膏挤到牙刷上面，至于牙膏是如何附着到牙刷上的，事实上并不太重要。假使真的有问题，那应是从我们内心制造出来的！

希尔达称这种一成不变的行为方式为"模式"。"我们脑子里塞满了一堆惯性的动作和行为模式。"她解释道，"假使我们无法跳脱自己的固有的思考及行为模式，在与别人相处，他人又希望来点不同的处境时，我们便会被激怒，且会变得跟周遭的人、事、物格格不入。"

当教授跟班上的同学们分享"模式"的概念时，同学们皆承认了自己一些荒唐好笑刻板思考的模式：一位妇女竟为了卫生纸纸卷的方向"错误"而郁闷了半天，她只在卫生纸卷的方向是由墙边向外转时，才会感到满意；另外一位男士则说，每天早上他都会将车停在火车站的某一"特定"停车位，假使有一天别人无意中停了那个车位，他就会有种想法——"今天一定是个倒霉日"还有一位同学说，只要他的慢跑长袜被折叠的方式"错误"，他就会冒出无名火。

希尔达告诉我们："真正的解脱之道，就是找出你的模式，然后破除它。找一天开车上班时，挑些不同的路走走；给自己换个新发型；将房子里的家具换换风水，……做任何可防止自己落入停滞不前的新鲜事。"

因此，教授建议那位寻找特定停车位的男士给自己一星期，每天都故意不停那"幸运停车位"，看看会发生什么事。第二个星期他再次来上课时，脸上充满闪亮的笑意，说："我照着你的建议去做了！不但没有倒霉事发生，我甚至过了好几天的幸运日！"

"现在我们明白，自己以往皆被固有的想法绑住，如今我已解脱，高兴停哪就停哪！"

另一位叫唐娜的学员对于吃麦片粥的碗有个模式，那就是，每天早晨她都会拿起同一个蓝色的碗，吃着同样的早餐——麦片、牛奶和一条香蕉，这成了她每天的例行事项，也成为了一种模式。有一天，唐娜同样走到橱柜前想取出"我的"蓝色碗时，却发现它不见了，这简直太可怕了！"我四处搜寻，结果发现别人正拿着那只碗取用早餐。"唐娜说道，"我有些恼怒并想着：'他真大胆，竟敢用我的碗来吃早餐！！'我成了那只蓝碗的奴隶（假使不是因为我感觉受到侵犯，也许到现在我仍不自知）。非常幸运地，我突然想起希尔达曾上过的这么一课，念头一转，我告诉自己：'好吧！这是一个让我从模式中解脱出来的机会……我可以同样轻松的心情去使用另一个碗。'"

"我做到了！而且很神奇地，我完全能如从前使用那个蓝色碗一般享受早餐。从此之后，我从碗的桎梏中解放出来了。"

其实，我们全部拥有自由的心灵，而且不会被任何事物所绑住，除非我们自己认为会；我们全都享有自由，不论汽车停在哪一个停车位，不论使用哪一个餐碗。

活着——真实地活着——我们必须让自己跟周遭的人、事、物融合在一起。我们不能将自己局限于某种不变的形象下，或者认定每件事情只有单一的解决方案。

一位东方的哲学家即说过："快乐的秘诀在于'停止坚持自己的主张'。"

我们必须分辨清楚，到底是生活圈住了我们，还是我们自身狭隘的思维限制了自己。能实现快乐的唯一方式是不被任何事物所约束；而不受约束的唯一方式则是——管理好自己的思想。

第二章 人生艰难，你为什么会过不去

欣赏别人，而不是挑剔别人

人本来就不是完美，也只有不完美才是真正的完美。人必须承认自己和别人都不完美，才可能欣赏别人，同时欣赏自己。人生活在欣赏之中，而不是活在挑剔之中。欣赏就是美，挑剔就是丑陋，这是禅者对生活的注释。

德国有句谚语："好嫉妒的人会因为邻居的身体发福而越发憔悴。"这是很有道理的，为什么这么讲？因为嫉妒的人总是拿别人的优点来折磨自己。别人年轻他嫉妒，别人长相好他嫉妒，别人身材高他嫉妒，别人风度潇洒他嫉妒，别人有才学他嫉妒，别人富有他嫉妒，别人学历高他嫉妒……

好嫉妒的人往往自大。因为自大，想高人一等。所以就容不下比他强的人。看到周围的人有超过自己之处，要么设法去贬低，要么设置陷阱去坑害对方。好嫉妒的人必然自私，自私的人必然嫉妒。嫉妒和自私犹如孪生兄弟。

法国作家拉罗什弗科就曾说过："嫉妒是万恶之源，怀有嫉妒心的人不会有丝毫同情心"；"嫉妒者爱己胜于爱人"。因为嫉妒，他不希望别人比自己优越；因为自私，他总是想剥夺别人的优越。好嫉妒的人从来不为别人说好话。好嫉妒的人，因为容不下别人的长处，所以他就通过说别人的坏话来寻求一种心理的满足。好嫉妒的人没有朋友，因为他容不下别人的长处，而每个人都有自己的长处，所以他就把所有的人视作自己的敌人，以冷漠的目光注视别人。

高明的人则善于欣赏别人的所作所为，而不是去挑剔他。著名的企业家松下幸之助说："身为一个经营者，如果总觉得员工这里不行，那里不行，以鸡蛋里挑骨头的态度来观察部属，不但部属不好做事，久而久之，他会发现周围没有一个可用的人了。

如果你想保持快乐心境，免除心中的自责和苦闷，就得学会不挑剔别人，也不挑剔自己。古人说"严以律己，宽以待人"，这是对的。但是如果在办完一件事之后，会挑剔自己，悔恨没有把它做得十全十美，那就不对了。挑剔自己会使自己变得钻牛角尖，苛责自己，情绪低落，造成忧郁。同样，挑剔别人也不会给你增加快乐。

唐朝盘山宝积禅师说："心若无事，万法不生，意绝玄机，纤尘何立？"心中丝毫的烦恼和无明，都是自己惹出来的，只要你不那么想，一切自然周偏圆融，体会到春花处处秀之美了。禅宗第三祖僧璨大师说："至道无难，唯嫌拣择；但莫憎爱，洞然明白，毫厘有差，天地悬隔，欲得现前，莫存顺逆，违顺相争，是为心病"。我们的情绪不好，不得清心，是由于我们犯了拣择的毛病，起了挑剔的念头，于是有了顺逆的苦恼。

第二章 人生艰难，你为什么会过不去

逃避者没有明天

抱怨会因为借口的到来赶走机遇；拖延会因为借口的到来让生命颓废；逃避会让你永远守着今天而看不到明天！

一天晚上，外面正下着大雨，猴子和癞蛤蟆坐在一棵大树底下，互相抱怨这天气太冷了。

"咳！咳！"猴子咳嗽起来。

"呱—呱—呱！"癞蛤蟆也喊个不停。

它们被淋成了落汤鸡，冻得浑身发抖。这种日子多难过呀！它们想来想去，决定明天就去砍树，用树皮搭个暖和的棚子。

第二天一早，红彤彤的太阳露出了笑脸，大地被晒得暖洋洋的。猴子在树顶上尽情地享受着阳光的温暖，癞蛤蟆也躺在树根附近晒太阳。

猴子从树上跳下来，对癞蛤蟆说：

"喂！我的朋友，你感觉怎么样？"

"好极了！"癞蛤蟆回答说。

"我们现在还要不要去搭棚子呢？"猴子问。

"你这是怎么啦？"癞蛤蟆被问得不耐烦了，"这件事明天再干也不迟。你瞧，现在我有多暖和，多舒服呀！"

"当然啦，棚子可以等明天再搭！"猴子也爽快地同意了。

它们为温暖的阳光整整高兴了一天。

傍晚，又下起雨来。

它们又一起坐在大树底下，抱怨这天气太冷，空气太潮湿。

"咳！咳！"猴子又咳嗽起来。

"呱—呱—呱！"癞蛤蟆也冻得喊个不停。

它们再一次下了决心：明天一早就去砍树，搭一个暖和的棚子。

可是，第二天一早，火红的太阳又从东方升起，大地洒满了金光。猴子高兴极了，赶紧爬到树顶上去享受太阳的温暖。癞蛤蟆也一动也不动地躺在地上晒太阳。

猴子又想起了昨晚说过的话，可是，癞蛤蟆却说什么也不同意：

"干吗要浪费这么宝贵的时光，棚子留到明天再搭嘛！"

这样的故事，每天都重复一遍。一直到今天为止，情况都没有变化。

癞蛤蟆和猴子还是一起坐在大树底下呻吟，抱怨这天气太冷，空气太潮湿。

"咳！咳！"

"呱—呱—呱！"

生活中，我们常把明天变为逃避今天的心灵寄托，明天的到来会因为你的懒惰导致现状更困惑。从现在开始就停止你的抱怨、拖延、逃避吧——抱怨会因为借口的到来赶走机遇；拖延会因为借口的到来颓废生命；逃避会让你永远守着今天而看不到明天。

所以，在竞争激烈的现代社会，如何保持健康的心理状态是相当重要的。许多研究心理健康的专家一致认为，适应良好的人或心理健康的人，能以"解决问题"的心态和行为面对挑战，而不是逃避问题，怨天尤人。

然而，在现实生活中，能够以正确的态度和行为面对挫折与挑战其实并非易事。我们可以看到周围的不少人，他们或因工作、事业中的挫折而苦恼抱怨，或因家庭、婚姻关系不和而心灰意冷，甚至有的因遭受重大打击而产生轻生念头，生命似乎是那么脆弱。

有这样一个故事：住在楼下的人被楼上一只掉在地板上的鞋子所惊动，那种声音虽然搅得他烦躁不安，可是真正令他焦虑的却是不知道另一只鞋什么时候会掉下来。为了那只迟迟没有落下来的鞋子，他惶恐地等待了一整夜。

在实际生活中也常常这样，往往是高悬在半空中的鞭子才给人以更大的压力，真正打在身上也不过如此而已。

由此我们可以得到什么启示呢？等着挨打的心情是消极的，那种等待的过程与被打的结果都是令人沮丧的。一个人在心理状况最糟糕的状态下，不是走向崩溃就是走向希望和光明。有些人之所以有着不如意的遭遇，很大程度上是由于他们个人主观意识在起着决定性作用，他们选择了逃避。如果我们能够善待自己、接纳自己，并不断克服自身的缺陷，克服逃避心理，那么我们就能拥有更为完美的人生。

超越自卑才能完善自我

自卑往往伴随着怠惰，往往是为了替自己在其有限目的的俗恶气氛中苟活下去作辩解。这样一种谦逊是一文不值的。

现代社会竞争激烈，强中还有强中手，相此比较中，难免会产生自卑感。自信者往往能勇敢面对挑战，而有自卑感的人，只能遗憾地把自己放在"观众"的位置上。

如果我们的生命中只剩下了一个柠檬，自卑的人说，我垮了，我连一点机会都没有了。然后，他就开始诅咒这个世界，让自己在自怜自艾之中。自信的人说，我至少还有一颗柠檬，我怎么才能改善我的状况，我能否把这颗柠檬做成柠檬水泥呢？我能从这个不幸的事件中学到什么呢？

所以，成功的人拒绝自卑，因为他们知道，自轻自卑，会把自己拖垮。一个人若被自卑所控制，其心灵将会受到严重的束缚，创造力也会因此而枯萎。

有这样一则寓言：

上帝想和人类玩个捉迷藏的游戏。

上帝想把一种叫作"自卑"的东西藏在人身上，于是他和天使们商量："你们给我出个主意，我该把它放在人的哪个部件最为隐秘。"

有的天使回答说，藏在人的眼睛里；有的说，藏在人们的牙缝里，有的说藏在人们的腋窝上。

但一个聪明的天使笑着说："上面这些地方，人们都很容易找到。他们马上会把自卑还给上帝。您最好把它藏在人们的心里，那里是他们最后才能想到的地方。"

有自卑感的人总是习惯于拿自己的短处和别人的长处相比，结果越比越觉得不如别人，形成自卑心理。内心的自卑，对一个人的成长与发展是最要命的，因而，如果你发现自己自卑，就要用理性的态度把它铲除掉。

如果你想完善自我，找寻快乐，就要战胜自卑。自卑源自自我评价过低，源自没能正确地定位自己的人生坐标。战胜自卑，首先要正确地认识自己和评价自己。"尺有所短，寸有所长"，每个人都是既有优点、又有缺点的。自卑者要学会正确看待自己的优缺点，努力发现自己的可爱之处，强化自己的长处，弥补自己的短处。

克服自卑，还要学会科学的比较，掌握正确的比较方法，确定合理的比较对象。如果以己之不足和他人之长相对照，肯定只会长他人志气，灭自己的威风，最终落进自卑的泥潭，失去前进的动力。当然，也不能从一个极端走向另一个极端，老是用自己的长处去比别人的短处，这样容易唯我独尊，总觉得你比别人高出一筹，产生洋洋自得、不可一世的心理。

此外，战胜自卑，还应着力去弥补自己的不足之处，使自己得到更大的发展。大凡在事业上做出突出成绩的人，在这方面都是做得很好的。日本前首相田中角荣天资聪颖，但中学时患有口吃的毛病，给他带来巨大的苦恼，他因此变得自卑、羞怯和孤僻。有一次上课，他的同桌捣乱，教师误以为是田中干的，当田中站起来辩解时，竟面红耳赤说不清楚，老师更加认定是他做错了又不承认，别的同学也嘲笑起来。这件事对田中刺激很大，他回家后，分析自己口吃的原因主要还是源于个人的自卑。从此，他时时鼓励自己在公共场合发言，主动要求参加话剧演出，并经常练习，终于克服了口吃的毛病，为他走上职业政治家的道路奠定了基础。

正确全面认识自己的优点和缺点，充分肯定自己，相信自己的能力，挖掘自己的潜力，提高自己，就能消灭自卑，找回自信，赢得完美人生。

切忌争一步，而要让一步

忍是人生智慧中必不可少的，忍是一种心法，一种涵养，一种美德。

人在社会上行走，"忍"是很重要的一个字，因为在任何时间、任何场合，都有不能如我意的问题存在，有些问题无法很快解决，更有些问题不是自己能力所能解决，所以也只能忍！

元代学者吴亮曾说："忍之为义，大矣。惟其能忍，则有涵养定力，触来无竞，事过而化，一以宽恕行之。当官以暴怒为戒，居家以谦和自持。暴慢不萌其心，是非不形于人。好善忘势，方便存心，行之纯熟，可日践于无过之地，去圣贤又何远哉！苟或不然，任喜怒，分爱憎，掎拾人非，动峻乱色。干以非意者，未必能以理遣；遇于仓卒者，未必不入气胜。不失之褊浅，则失之躁急；自处不暇，何暇治事？将恐众怨丛身，咎莫大焉！"

不能忍的人虽可以暂时解除心理的压力，但终究自毁前程，失去长远的利益。所以，有智慧的人，不拘泥于眼前得失，在双方发生意气之争或利益冲突时，宁可选择忍。

清代中期，当朝宰相张英是安徽桐城人。他素来注重修身养性，颇得他人的喜欢和尊重。同时他也非常孝敬父母，在朝廷任官时，他把母亲安顿在家乡，并经常回家探望。

张老夫人的邻居是一位姓叶的侍郎。张英在一次回家看望母亲时，觉得家中的房子呈现出破败之象，就命令下人起屋造房，整修一番。安排好一切后，他又回到了京城。

正巧，侍郎家也正打算扩建房屋，并想占用两家中间的一块地方。张家也想利用那块地方做回廊。于是，两家发生了争执。张家开始挖地基时，叶家就派人在后面用土填上；叶家打算动工，拿尺子去量那块地，张家就一哄而上把工具夺走。两家争吵过多次，有几次险些动武，双方都不肯让步。

张老夫人一怒之下，便命人给张英写信，希望他马上回家处理这件事情。

张英看罢来信，不急不躁，提笔写下一首短诗："千里家书只为墙，再让三尺又何妨？万里长城今犹在，不见当年秦始皇。"封好后派人迅速送回。

张老夫人满以为儿子会回来为自家争夺那块地皮，没想到左等右等只盼回了一封回书。张母看完信后，顿时恍然大悟，明白了儿子的意思。为了三尺地既伤了两家的和气，又气坏了自己的身体，这样太不值得了。

老夫人想明白了，立即主动把墙退后三尺。邻居见状，深感惭愧，也把墙让后三尺，并且登门道歉。这样一来，以前两家争夺的三尺地反而形成了一条六尺宽的巷子。

当地人纷纷传颂这件事情，引为美谈，并且给这条巷子取了一个特别的名字——六尺巷。有人还据此作了一首打油诗："争一争，行不通；让一让，六尺巷。"

古人曰："退一步海阔天空，忍一时风平浪静。"所以，忍让有时是一种策略，是为了更好地进。而且，表面的忍让不仅调解了矛盾，还融洽了双方的关系，更有利于事情的圆满解决。

历史上最有名的"忍"的例子就是韩信忍恶少胯下之辱。那时韩信潦倒落魄，无计治生又不好读书，不得不寄食于人，受尽苦辱。淮阳城里有个屠夫，属市井无赖之流，见韩信无所事事却挎着刀剑，遂当众拦住他说："你有胆量，就抽剑杀我，若没胆，就从我的裆下钻过去。"

闻此韩信一言不发，低头从他的裤裆下钻了过去。韩信以"忍"字为头，发奋图强，终于成为汉高祖刘邦的大将军。

"小不忍则乱大谋""无忍无以处世。"想建立良好的社会关系及成就大事都一定要谙熟"忍"字的精髓。无心也无力与恶少争，只好忍辱爬过恶少胯下。后来，韩信助刘邦争得天下，被封为"淮阴侯"。一次他回故乡的时候，还特意去看了一下当年的恶少，只是恶少已无往日之威风，看到韩信，竟然吓得浑身颤抖，连连磕头求饶。

所以，当你碰到困境和难题时，想想你的大目标吧！为了大目标，一切都可以忍！千万别为了"爽快"而挥洒你如怒火熔岩般的情绪，我们一生当中会遇到很多问题，如果你能忍第一个问题，你便学会了控制你的情绪和心志，这样才能成就大事业！

忍是人生智慧中必不可少的，忍是一种心法，一种涵养，一种美德。忍并不是怯弱的借口，而是强者的胸襟。只有忍才能积蓄力量，以静制动，后发制人；只有忍才能退思吾身，完善自我，以德服人；只有忍才能顾全大局，使得事业顺利；只有忍才能与人为善，化解、消除各种矛盾和不利因素。纵观历史，凡成就大事者，凡功垂千古、名誉久传者，莫不都将"忍"字作为自己的人生信条。

成功的人生只有变通一条道

天下的事，没有一定的方法；天下的道理，却殊途同归，一理通则百理通。成功之道，只有变通一条，除此之外别无通道。

事情不一定要做出来才知道结果，聪明人早在行动之前就对结果心中有数。人生不一定走到尽头才知道命运好歹，聪明人早在创业之初就瞄准了目标，他们的成功，就像神枪手射中靶心，并不是出于意外。

为什么呢？因为聪明人知道成败得失的要点，并懂得因势利导，使事情向好的方面变化。

古人说："遇事知道成败得失的要点，进而推测事情的最后结局，那么，创业不会遭致失败，谋事不会徒劳无功。"

成败得失的要点是什么呢？是人情世态的变化。人情世态的变化决定了时势的流向，聪明人将自身潜能与时势融为一体，就能借大势而行，扶摇直上。这正是古今智者驾驭大事的根本方法。

古人说："事情变了，时势就有差异，社会风气也随之改变。一个人，行为合于时宜就会发达，违背时宜就会遭殃。"

什么叫"合于时宜"呢？这就是说，要根据时势的变化，行变通之道。时势是由两种东西促成的，一是物质资源的多寡，二是人们的心理趋向。这两者又相辅相成。物质资源丰富，人心就趋于浮躁；物质资源贫乏，人心就趋于变动。天下没有一百年的平安，因为人心总是在浮躁与变动中摇摆。这使因循守旧者感到很不习惯，却给锐意进取者提供了广阔的发展空间。他们随时而动，随机应变，利用一个又一个机会，架起通天之梯，将命运导向辉煌。

成功者没有固定的成功模式，他们根据事情的需要采用变通的方法，使自己的行为"合于时宜"，而不是逆历史潮流而动。这个道理，就像行船一样，逆水行舟，不如顺风扬帆，又轻巧，又快捷。

古人说："天下的道理没有永久正确的，以前所用的，现在或许要丢弃；现在抛弃的，将来或许要用它，关键在于投合时宜。如果一成不变，即便像孔丘那样博学，像吕尚那样善谋，也要落得个穷困潦倒的下场。所以，聪明人做事，先观察土地，然后决定使用什么工具；先观察民情，然后决定事业目标；先综合大家的意见，然后制订具体措施。"

能够根据所处的环境确定对策，根据民心确定努力目标，根据大家的意见确定处事方法，已可谓懂得变通之道了。

变通，是才能中的才能；智慧中的智慧。古今成大事者，莫不以此达成人生梦想。

许多人具备很高的智商、很好的学问和很优越的条件，终生努力却无所成就，其根源只有一个：不知变通。

至于那些才具中等，没有什么背景的人，若是不知变通，只能永远沉沦于贫贱之中，难有出头之日。

相反，如果具备变通的智慧，哪怕没学历、没背景、无财又无貌，也能事业有成，乃至创下丰功伟业。无论古今中外，无论政界商界，顶尖人士都不是智商最高、学问最好的人，其他方面的条件也并不比一般人优越。他们唯一优于他人的，是懂得如何根据时势行变通之法。

所以，古人说："五行妙用，难逃一理之中；进退存亡，要识变通之道。"

天下的事，没有一定的方法；天下的道理，却殊途同归，一理通则百理通。成功之道，只有变通一条，除此之外别无通道。

第三章　做人不易，何苦要为难自己

不要为难自己，做人本来就很难，干吗还要为难自己。只要你做好应该做的事情，就是值得称赞的。在生命结束的时候，一个人如能问心无愧地说："我已经尽了最大的努力。"那么他就此生无悔了。

人言虽可畏，自身勤修养

不要完全相信你所听到的一切，也不要因他人的议论而鄙视自己。你要相信自己，做一个独立自主的人。倘若真是那样，人言还真的可畏吗？

我们经常听到有人感叹："唉！活得真累！"其实，这个"累"主要不是指身体累，而是精神累。你待人诚恳吧，难免吃亏，被人轻视；表现出格吧，又引来嫉妒，遭受压制；甘愿平庸吧，生活又没有动力；有所追求吧，每一步都要倍加小心。家庭之间、同事之间、上下级之间、新老之间、男女之间……天晓得怎么会生出那么多的是是非非。

当然，"活得真累"之病，查找病源不难，但若要从外部原因上断根绝种不大可能。我们若想活得不累，活得痛快、潇洒，只有一个切实可行的办法，就是改变自己，主宰自己，不再让别人的思想潜入你的意念中去。

有一种叫作滑板的玩具，人可以站在上面滑行。这种运动速度很快，相当激烈，掌握不好就会摔倒。一个美国女孩儿要想玩滑板，就会踩上去滑。如果摔倒了，哪怕摔得有点儿狼狈，她也会爬起来满不在乎地说："没关系，再试一次！"假如一个中国女孩儿也想玩滑板，她心里会想到一连串的问题：摔倒了怎么办？叫人看见多丢人！再说，女孩子玩这个，人家可能会说我太疯、太野了。算了吧，别让人家看着不顺眼……于是她只好不玩。

这类情况在我们的现实生活中十分普遍，可以说是司空见惯。然而，正是它使许多人在不知不觉中把自己的灵魂交给别人去掌握了。

"轻履者远行"，就是说只有丢掉包袱，才能轻装前进，且走得更远。许多人之所以活得沉重，是因为他们背负了过多别人的评论，所以他们觉得人言可畏。但如果你光明磊落地做人，胸怀又怎能不坦荡？你在乎了这个人说的，又得注意那个人讲的，而你把自己放在哪里？难道你自己是那么无足轻重吗？难道别人对你的议论职责都是善意的，都是合乎情理的吗？既然你没有做错什么，何必在意他们的评价呢？

其实，很多人遇到不如意的事情，总是灰心或抱怨。大可不必，应树立正确的生活态度，在遇到挫折时，应冷静分析原因，不能冲动或主观臆断。俗话说求人不如求己，凡事有果就有因，而问题可以说大部分出在自己身上，所以首先要认真剖析自己，像鲁迅先生一样经常解剖自己，及时发现哪里出了毛病，当然主要是思想和日常言行。言为心声，要注意自己的言行，多动脑子，多观察，多与领导与同事与家人沟通，有事不能闷在心里。当一个恶人容易，但当一个好人太难了，人言可畏，所以要不断加强修养，多学习，多开阔视野，做一个思想成熟的人。尽量与人为善，但也不能没有原则。

如果你的脑子里整天塞满了乱七八糟的东西，弄得你头昏眼花、心乱如麻，你又怎能安心工作？你已经被别人的唾液淹得喘不过气来，又如何轻松快乐地度过每一天呢？

你有没有想过，既然别人有思想，那么你自己呢？如果你不了解别人，那么还有情可原。但如果连你自己都不了解，都不能认真公正地面对，这又是多么可悲的事情啊！

不要完全相信你所听到的一切，也不要因他人的议论而鄙视自己。你要相信自己，做一个独立自主的人。倘若真是那样，人言还真的可畏吗？

第三章 做人不易，何苦要为难自己

走自己的路，让别人去说

真正能够沉淀下来的，总是有分量的；浮在水面上的，毕竟是轻小的东西。且让我们在属于我们自己的人生道路上昂首挺胸地一步步走过，只要认为自己做得对，做得问心无愧，不必在意别人的看法，不必去理会别人如何议论自己的是非，把信心留给自己，做生活的强者，永远向着自己追求的目标，执着地走自己的路，也就对了！

我们生在这个纷繁的世界，不可能孤立存在，一个人必然会与许许多多的人交往、合作。但这并不代表着我们要放弃独立而随波逐流。

不要总是一本正经或愤愤不平，为赢得人生的成功，你必须摒弃一切不利于前进的阻碍。有时你可以怀疑世界上的很多事物，但不要为此怀疑自我。

养成"我只要做好自己"的习惯，这种习惯会在成功的路上助你学会独立，能够卸下很多包袱，拥有了独立的人格，你就拥有了成功者必备的一个条件。

且看国际名模吕燕的成功范例。

吕燕，有人说她很美，超凡脱俗的美；有人说她很丑，超凡脱俗的丑。美也好，丑也好，这个曾名不见经传的"丑小鸭"，用她那极富个性和水准的表现力，以及饱含激情的对自己认真负责的生活态度，成为当今中国最红的国际名模。

说起吕燕的成功史，真是花费了她自己一番苦心的。

刚到北京的吕燕没有签约公司住在地下室里，一直无法从事模特这一行。为能在北京待下去，只能自谋生计。那时吕燕常听到这样的议论："她长得那个样子，怎能当模特呀！"她记得特别清楚，一次到一家模特经纪公司，一进去接待她的人就把她从头到脚仔细打量一遍，眼光特别藐视。但正是这种目光，促使这个天生乐观喜欢挑战的女孩更加努力工作。

一次偶然的机会里，她认识了中国顶尖时尚造型师李东田和摄影师冯海。

把握着国际化时尚潮流的他们，敏锐地发现吕燕就是那个能同时传递东西方时尚信息的最好载体，马上就约吕燕化妆造型拍封面照。

那时吕燕和大多数中国模特一样，过得很现实。就想着拍杂志封面越多越好，因为出一个封面，就能得300块人民币。很多时候，身上一分钱都没有，一贫如洗。经过吕燕的一番辛勤努力，她先后做过5个品牌的形象代言人，只不过老百姓知道的不多。

吕燕小有名气后，一家杂志的老总看了她的照片认为不错，就让她到北京新侨宾馆面谈。那天吕燕刚到大厅，两个法国人正在退房，见到她就问："你是模特吗?"吕燕看着他们没说话，他们又问："你有签约公司吗?"吕燕摇头。他们就说："你愿意跟我们到法国吗? 你到法国一定能成为名模，也一定能赚很多很多钱。"

这个出生在中国江西农村的女孩一直梦想着在T型台上有所作为，可按国内传统的审美标准看，她很难跻身于这个吃青春饭的行业，曾培养过许多著名模特儿的国内某家公司就拒绝和她签约。在北京福特超级国际模特大赛中，她也只能以大赛工作人员的身份做些后勤工作。而正是吕燕身上那股拼劲，使她只身来到法国。

"刚到国外肯定很不适应。不会讲外语，吃不惯那儿的饭，不认识路，没一个熟人；到商店买东西看见各种包装也是两眼一抹黑，只买认识的速食食品。头一个月居然吃了100多个鸡蛋。那种感觉完全就像一个人从婴儿开始学习生活一样。"

与生俱来的自信让吕燕受益匪浅。到法国以后，她开始了艰苦的训练，每天要练10多个小时。另外吕燕每天必须见很多公司和时装杂志的摄影师，这都是她的经纪人安排好的。吕燕到法国之后，同样也遇到挫折，但她都慢慢克服了。到巴黎已经有些日子了，她没有去过卢浮宫、圣心大教堂和许多著名的旅游点。在这片陌生的国土上，她没有朋友，有的只是每天不断地辛苦工作。

吕燕一天一天就这样拼搏过来了，她坚信只要辛苦努力，就会获得机会。到巴黎没多久，她就接到了一个订单：在一个洗发水广告中当模特儿。这是她过去想都不敢想的事。2000年，吕燕在巴黎举行的世界超级模特大赛中获得了第二名的好成绩，这是目前中国模特在世界级模特大赛中拿到的最好成绩。

好多人都说，幸运一次又一次像天上掉馅饼一样掉在吕燕头上。对此，吕燕有自己的说法，"去巴黎的中国模特不是我一个，我也不是第一个。为什么好些比我漂亮有名的没多久都回来了？因为吃不了那份苦。任何人要想真正成功，根本不可能靠天上掉馅饼。我从小就是那种不给自己留后路的人，撞了南墙也要往前走！"

吕燕对自己的成功，有一番自信的解释，"我从来不在乎别人说我怎么样，我就是这样的。如果我在乎别人的看法，我就没有今天了。可能现在还待在自己的家乡，找一份普普通通的工作，平平淡淡地度过一生。如果听到有人说我不好，我就要照着他的话去做，那样就活得太累，也太没有意思了。我是我，我只要独立，做好自己就成了。"就是秉着这样一副乐观天然的生存守则和处世魅力，吕燕得到了上天的厚爱和后天的成功回报。

许多时候，我们太在意别人的感觉，因而在一片迷茫之中却迷失了自己。

随意地活着，你不一定很平凡，但刻意地活着，你一定会很痛苦，其实人活着的目的只有一个，那就是不辜负自己。

潇潇洒洒走人生

人生苦，人生累，潇洒去面对。潇洒，是一种豁达，一超脱，一种不拘一格，一种放得开的极高境界。困境中的潇洒，更是放弃苦难的明智，也是追求新生活的开始，这种潇洒更有价值。就让我们赶快在苦难堆积起来的人生中，潇洒地走一回。

有人说："人生是一幅画，每个人都在用手中的笔描绘着自己人生路途的丹青。"有人说："人生是一首歌，每个生命都在用自己的节奏走出生命的交响。"

当你的努力获得成功，不要被喜悦的浪潮淹没。在品味过甜蜜之后，潇洒地站起身，抬起头，扬起可爱的笑脸，撑起自信的风帆，挥挥手，不带走一片云彩，继续你搏击的体验。

当你的天空下起了雨，不要被哀伤迷蒙了双眼，险峰上才有风光无限，让眼泪痛痛快快地流过之后，毅然地擦去泪珠，对着镜中的自己笑一笑，做个鬼脸，告诉自己"经历了风雨才能见彩虹"，走出门，大声说："我一定成功。""心还在梦就在，让我从头再来。"

潇洒的一生，要为自己创造自身条件，心里要有快乐的细胞，脑子里要运转幸福的信息。

而人的一生会遇到许多预想不到的事情，有挫折，有创伤，有疾病，有不幸，同时人生也有欢乐，有幸福。所以，人活在世上，要学会坚强、乐观、遗忘，包括糊涂。

学会坚强，不被任何事情所吓倒。无论你生活中遇到什么不幸，都要勇敢去面对。比如，人的一生要经历升学、恋爱、家庭、事业以及疾病，和你预想不到的痛苦、悲伤等，都要勇敢去面对它，不要被任何事情屈服。人要有一个坚定的信念，乐观地面对你面前所发生的一切，那么悲伤就会从你的身边溜走，曙光就会来到你的面前。

同时要学会遗忘。学会遗忘会给你的人生创造许多快乐，因为忧愁和烦恼会伴随你左右，只有学会遗忘，该忘却的就应该忘却，不该认真的就别认真，唯有这样，人才能过得潇洒些，快乐些。人的一生难免会做出使自己后悔的事情，然而，你可以有必要后悔一下，但不能一直后悔不止。正如一位心理学家所说：在各种误区行为中，悔恨是最无益的，无疑是浪费感情和时间。因为无论你怎么样内疚悔恨，已经发生的事是无法挽回的。

学会遗忘的糊涂观，也是一种明智的处事之道。

古人说："风来疏竹，风过而竹不留声；雁渡寒潭，雁去而潭不留影。"意思是说：当轻风吹过稀松的竹林会发出沙沙的声响，可是当风过去之后，竹林并不会留下声音而仍旧归于寂静；当大雁飞过寒冷的深潭，固然会倒映出雁影，但是雁飞过之后，清澈的水面依旧是一片晶莹，并不会留下雁影。

所以说，世间万物，不论是长是短，是苦是乐，全部会飘然而过，毫不留痕迹地像是过眼烟云。我们对此应抱的态度是，事情来了我们用心去服务，事情过去之后，心要恢复寂静。

生命只有一次，生活也不会倒流，有人把生活比作是一条长长的录音带，可以用录上全新的内容抹掉从前的声音，既然如此我们为什么不去用那生活中最优美的音乐去覆盖住那不协调的乐章，甚至是那刺耳的噪音呢？

所以说，只有学会遗忘，善于遗忘，才能更好地保留人生最美的回忆，才会潇洒走人生。

学会宽恕自己

宽恕别人是豁达、大度，是"宰相肚里能撑船"的美德；宽恕自己，同样是一种积极的人生态度，是拨开乌云见晴天的阳光，是化悲痛为力量的灵丹妙药。宽恕自己，风雨之后就一定是彩虹！

有的人，一旦陷入困境，常用一种自我惩罚的方式折磨自己，一味地自责、自恨、自卑、自弃，使自己沉陷于无法解脱的"危险旋涡"之中，把自己推向一条永远看不到光明的"死亡之路"。就像鲁迅先生的作品《祝福》中的祥林嫂那样，孩子被狼叼走后，她痛苦之极，精神恍惚，逢人便说："我的阿毛。"事情已经发生，没完没了地自责、痛恨，于事无补，对人对己都没有好处，甚至亲者痛、仇者快，何苦而为之？正确的方法应该是尽快地解脱出来，"化悲痛，为力量"，从中吸取经验教训，走好以后的路，既是对死者的告慰，也是对生命的负责。

《读者》上有这么一个故事——采访上帝。

我在梦中见到了上帝。上帝问道："你想采访我吗？"

我说："我很想采访你，但不知道你是否有时间。"

上帝笑道："我的时间是永恒的。你有什么问题吗？"

我问："你感到人类最奇怪的是什么？"

上帝答道："他们厌倦童年生活，急于长大，而后又渴望返老还童。他们牺牲自己的健康来换取金钱，然后又牺牲金钱来恢复健康。他们对未来充分忧虑，但却忘记现在；于是，他们既不生活于现在之中，又不生活于未来之中。他们活着的时候好像从不会死去，但死去以后又好像从未活过……"

上帝握住我的手，我们沉默了片刻。

我又问道："作为长辈，你有什么经验想要告诉子女的？"

上帝笑道："他们应该知道不可能取悦于所有人——他们所能做到的只是

让自己被人所爱。他们应该知道，一生中最有价值的不是拥有什么东西，而是拥有什么人。他们应该知道，与他人攀比是不好的。他们应该知道，富有的人并不拥有最多，而是需要最少。他们应该知道，要在所爱的人身上造成深度创伤只要几秒钟，但是治疗创伤则要花上几年时间。他们应该学会宽恕别人。他们应该知道，有些人深深地爱着他们，但却不知道如何表达自己的感情。他们应该知道，金钱可以买到任何东西，却买不到幸福。他们应该知道，得到别人的宽恕是不够的，他们也应当宽恕自己。"

这虽然是一则小寓言，但道理十分深刻。无论对于别人还是对于自己，这一点很清楚：在一个人身上造成深度创伤只要几秒钟，但是治疗创伤则要花上几年时间。我们能做到的、最能够把握的莫过于让自己被人爱、宽恕自己。

怎样宽恕自己，抚慰心灵呢？一是把困境看成是合乎自然的事情，是生活的组成部分，是人人必须领取的"快餐"；二是相信"天无绝人之路"，"车到山前必有路"，"山重水复疑无路"之后一定会是"柳暗花明又一村"；每个人都会面临难题，每个难题都会过去，每个难题都有转机；相信"逆境不久"的真理，相信自己总有路可走；三是要学会辩证地、全面地看问题，不把境况看得那么坏，"塞翁失马，焉知祸福"，把遇到的不幸当成人生的宝贵经历，化为人生的动力；四是相信自己并不是那么差，自己通过努力，以后会做得更好的。

人生就如一道连绵不绝的山，翻过了一座又一座，总是要不停向前迈进；人生就像过沼泽，如果迷途于泥泞的沼泽，苦苦挣扎，那必然会被它吞噬，只有不断向前才能达到彼岸。路上虽有坎坷与挑战，但只要拥有执着的信念与宽阔的胸怀，学会释怀与谦让，人生就充满着无数的鸟语与花香。

停止毫无意义的自责

自责只会强调你所没有的，同时失之偏颇地忽略你所拥有的。既然有那么多自愿者乐意批评你，根本不用你自己费劲，为什么还要用你的声音加入他们的合唱？

发生不幸，痛苦，或者做了错事，对一个正常人来说，自责是必然的事。但是我们要知道，人非圣贤，孰能无过？知错能改，善莫大焉！短暂的痛苦是智者的表现，一味自责则是愚人所为。

有人建议，如果你遇到不幸可以痛苦三天：第一天，事情发生得突然，我们没有一点思想准备，肯定是会痛苦的；第二天，冷静分析所发生的事情，从中吸取经验和教训，思考以后的路该如何去走；第三天，调整心态，忘掉过去，放下包袱，轻装赶路。这的确不失为一种摆脱痛苦的明智之举。

大卫向来对自己要求苛刻，也同样苛刻地要求周围的朋友。其实，他很聪明，对人也很热情，又极其热爱交朋友。可以这样说，他根本无法忍受没有朋友的那种孤独和寂寞。然而，他又不允许朋友身上存在任何缺点和毛病，甚至不允许存在与他不同的个性和为人处世的方法。一些朋友能同他保持一段时间的友谊，只好时时刻刻压抑着自己。可是，压抑自己是一种非常痛苦的事情，谁也不能坚持长久。于是，他一边热情地结交新朋友，一边在挑剔中淘汰和失去老朋友。久而久之，他连一位朋友也没有了。大卫在痛苦中自责，但他始终不明白自己到底错在哪里。

麦克无论仪表、举止言谈、家庭条件还是工作事业，在女士心目中都是非常优秀，甚至可以说是非常可亲可爱的。可是，在婚姻问题上，他从来就没有成功过。第一位妻子，因为懒惰被他"逐"出家门；第二位妻子，因为过于自私贪图小便宜，也被他"逐"出家门；第三位妻子，因为过于奢侈和游乐又被他"逐"出了家门。好心朋友为他做媒。他接近的第四位女士却说："这人有病。"连他家的"门"也不进了。同样，他对于自己的状况悔恨不已。

如果你与以上两人相类似，在当时很紧张，而事后又悔恨的话，你应该问自己，有这个必要吗？请用一张纸，把所有缠绕你的往事，都记下来。写完以后，不妨问问自己，你有没有决心把这些往事淡忘？究竟要怎么样，你才能够超越它们？你认为你应该永远受它们的支配吗？你不能多做些有益的事情，来赶走这些有毒的回忆吗？为什么别人可以把不愉快的往事淡忘，而你竟不能？

我们自己做了错事，失败了，不需要自责。可以弥补的，设法去弥补；无法弥补的，不妨抛开一切，再也不要去触动它。

你可以向内心的自己表明心意，说你已经知错，以后决不再犯。只要你真心真意，真正超越错误，一切众生都会听你忏悔，原谅你、帮助你再成长起来。宽恕别人同样重要，有人伤害我们，他一定会内疚、悔恨，决不可再思报复。

切记：冤冤相报，永无了时。何况报复只有更加深伤痕的痛苦，远不如以大慈大悲的心肠赦免别人。

小事不妨装"糊涂"

留一半清醒一半醉，织一个美梦给自己，以你的心感受一份虚拟的真。倘若，在下一个黎明到来时，你发觉那七彩的天空不过是你梦中偶尔的涂鸦，勿须哭泣，至少你曾有过真切的心醉与心碎。

常言所说的"大事要清楚，小事要糊涂"，即指对原则性问题要清楚，处理起来要有准则，而对生活中的一些小事，则不必认真计较。在日常生活中，我们对一些非原则性的不中听的话或看不惯的事，可以装作没听见，没看见或是随听、随看、随忘，做到"三缄其口"。这种"小事糊涂"的做法，不仅是处世的一种态度，更是健康的秘诀之一。

有时候，人或许还是糊涂些好。凤姐尽管聪明一世，可是最后还是只能以"聪明反误了卿卿性命"收场。因此，有时糊涂未必不是好事。

世人都愿当智者，不愿做糊涂虫，更不会心甘情愿地由聪明而堕入糊涂。然而事实上，人世间凡事复杂善变，我们不可能把每一件事都掰扯得清清楚楚，而且有些事情越是清楚越是让人烦恼。所以古人有"大智若愚"和"难得糊涂"之说。

清代著名诗人、书画家郑板桥曾写过一个条幅："难得糊涂"，条幅下面还有一段小字："聪明难，糊涂难，由聪明转入糊涂更难……"当然，这里所讲的"糊涂"是指心理上的一种自我修养，意在劝人明白事理，胸怀开阔，宽以待人。所以真正难得的糊涂，是一种聪明升华之后的糊涂；是一种涵养，心中有数，不动声色；是一种气度，得到高深，超凡脱俗；是一种运筹，整体把握，不就事论事；一个人要是做到这些，他一定是最"糊涂"而又是最聪明的人。

对一些生气烦恼也无济于事的情况，要学会糊涂对待。"糊涂"既可使矛盾冰消雪融，又可使紧张的气氛变得轻松、活泼，从而保持心理上的平衡，避免许多疾患的发生。当你处于困境时，"糊涂"一点能使你保持心胸坦然、精神愉快，减少对"大脑保卫系统"的不必要刺激，还可消除生理和心理上的痛苦和疲惫。

在男女的爱情中，更是需要难得糊涂。而当一段情感改变颜色——或疏远、或伤害、或背叛，总有一方会忍不住愤怒："你曾经说过爱我到永远，原来你的话全是骗人的！"被质问的人常常会深感委屈："我当时真的很爱你，真的是想和你同生共死，我没有骗你！"

真与假，无恒定。所谓的"真做假时假亦真，虚中有实实乃虚"，人生在世，本就是在真真假假、迷迷糊糊中度过。如果你有佛的智慧，可以看透自己的来路去途，可以明了自己的生辰死日，可以观是你将遇未遇的一切人一切事，生命，于你还有意义吗？活着的滋味，将比白开水更寡淡。

正因为人生中虚实难料、前程未卜，正因为人际交往中真假交错、爱恨更替，我们才会充满探究的兴致，追寻的意趣，跌宕起伏间惊心动魄。才会在得到真情时倍加珍惜，博取成功时激情难抑。假设好坏成败早已注定，早已明晰，你的心即便不是进入漫长的冬眠期，也会变得迟钝，失去活力。

当年的真，在四季轮回中渐渐磨损淡忘，今日的真，又如何发誓不让它随风幻化？文字的真，透析出心灵的孤郁愁闷，当你安慰的语言滔滔不绝倾泻于荧屏时，怎能获知那是一个真正需要输血需要温暖的灵魂？为人者，只可保证此一刻，我确实真心真意呵护你关爱你；为网者，唯一可做的，似乎是自己的真诚待人。不要赌注于未来和他人，不要过于自信于自己的恒心和认知。对于许多事物——特别是虚拟情感的追根究底，到头来，受伤的一定会是你自己！

真假是非，当糊涂时不妨糊涂。留一半清醒一半醉，织一个美梦给自己，以你的心感受一份虚拟的真。倘若，在下一个黎明到来时，你发觉那七彩的天空不过是你梦中偶尔的涂鸦，勿须哭泣，至少你曾有过真切的心醉与心碎。

人生，因过程而精彩；生命，因感觉而真实。

用希望来消除内心的不安

希望，是引爆生命潜能的导火索，是激发生命激情的催化剂。一个人，只要活着，就有希望。只要抱有希望，生命便不会枯竭。

据说在沙漠中远行，最可怕的不是眼前的一片荒凉，而是心中没有一壶清凉的希望。

在茫茫无垠的沙漠中，有一支探险队在负重跋涉前进。

沙漠中阳光很强烈。干燥的风沙漫天飞舞，而口渴如焚的队员们没有了水。

当队员们失望地准备把生命交付给这茫茫戈壁时，探险队的队长从腰间拿出一只水壶。说："这里还有一壶水。但穿越沙漠前，谁也不能喝。"

水壶从队员们手里依次传递开来，沉沉的，一种充满生机的幸福和喜悦在每个队员濒临绝望的脸上弥漫开来。

终于，探险队员们一步步挣脱了死亡线，顽强地穿越了茫茫沙漠。当他们相拥着为成功喜极而泣的时候，突然想到那壶给了他们精神和信念以支撑的水。

拧开壶盖。汩汩流出的却是满满一壶沙。

无论生命处于何种境地，只要心中藏着一片清凉，生命自会有一个诗意的栖息地。

人生最宝贵的财富之一便是希望，所以罗素说："从感情上讲，未来比过去更重要，甚至比现在还重要。"

古希腊之神普罗米修斯为人间盗取了天火之后，众神之王宙斯不仅严惩了普罗米修斯，还决定向人类进行报复。他让美女潘多拉带着一个宝盒来到人间，当这个宝盒被潘多拉打开时，有数不清的祸害从里面飞了出来，布满尘世，而盒盖重新盖起来时，里面就剩下一件东西，那就是"希望"。

在这个世界上，有许多事情我们无法预料，每天给自己一个希望，我们就有勇气和力量面对生活的种种不幸福。

我们不能控制机遇，却可以掌握自己；我们无法预知未来，却可以把握现在；我们不知道自己的生命到底有多长，我们却可以安排当下的生活；我们左右不了变化无常的天气，却可以调整自己的心情。只要活着，就有希望，只要每天给自己一个希望，我们的人生就一定不会失色。

错过了就别后悔

泰戈尔说："如果错过了太阳时你流了泪，那么你也要错过群星了。"

令人后悔的事情，在生活中经常出现。许多事情做了后悔，不做也后悔；许多人遇到要后悔，错过了更后悔；许多话说出来后悔，说不出来也后悔……人的遗憾与后悔情绪仿佛是与生俱来的，正像苦难伴随生命的始终一样，遗憾与悔恨也与生命同在。

人生一世，花开一季，谁都想让此生了无遗憾，谁都想让自己所做的每一件事都永远正确。从而达到自己预期的目的。可这只能是一种美好的幻想。人不可能不做错事，不可能不走弯路。做了错事，走了弯路之后，有后悔情绪是很正常的，这是一种自我反省，是自我解剖与抛弃的前奏曲，正因为有了这种"积极的后悔"，我们才会在以后的人生之路上走得更好、更稳。

但是，如果你纠缠住后悔不放，或羞愧万分，一蹶不振；或自惭形秽，自暴自弃，那么你的这种做法就真正是蠢人之举了。

古希腊诗人荷马曾说过："过去的事已经过去，过去的事无法挽回。"的确，昨日的阳光再美，也移不到今日的画册。我们又为什么不好好把握现在，珍惜此时此刻的拥有呢？为什么要把大好的时光浪费在对过去的悔恨之中呢？

覆水难收，往事难追，后悔无益。

据说一位很有名气的心理学老师，一天给学生上课时拿出一只十分精美的咖啡杯，当学生们正在赞美这只杯子的独特造型时，教师故意装出失手的样子，咖啡杯掉在水泥地上成了碎片，这时学生中不断发出了惋惜声。可是这种惋惜也无法使咖啡杯再恢复原形。今后在你们生活中如果发生了无可挽回的事时，请记住这破碎的咖啡杯。

破碎的咖啡杯，恰恰使我们懂得了：过去的已经过去，不要为打翻的牛奶而哭泣！生活不可能重复过去的岁月，光阴如箭，来不及后悔。生活的一份养料，从过去的错误中吸取教训，在以后的生活中不要重蹈覆辙，要知道"往者不可谏，来者犹可追"。

错过了就别后悔。后悔不可能改变现实，只会消弭未来的美好，给未来的生活增添阴影。最后，让我们牢记卡耐基的话吧：要是我们得不到我们希望的东西，最好不要让忧虑和悔恨来苦恼我们的生活。且让我们原谅自己，学得豁达一点。

不要为难自己

生命中有很多事是自己一下子做不到的，当我们做不到的时候就不要去为难自己。

不要为难自己，做人本来就很难，干吗还要为难自己。人生中有很多相似的事情发生，明知别人做错了事情，非得要人承认——是过。被人骂了一句，花无数时间难过——是过。为一件事情发火，不惜时间，和血本，只为报复——是过。失去一个人的感情，明知一切无法挽回，却花上好几年为之伤心——是过。不要拿别人的错误来惩罚自己。

我们也总是在尽力做好每一件事情，却往往得不到别人的认可，或者不能取得成功。为此，我们十分苦恼。其实，与其越做越糟，不如洒脱地放弃。我们的前面总是会有更好的风景在等待着我们去欣赏，何必为眼前的这点儿暗淡境遇而延误生命的美丽呢？

只要你做好应该做的事情，就是值得称赞的。在生命结束的时候，一个人如能问心无愧地说："我已经尽了最大的努力。"那么他就此生无悔了。

"金无足赤，人无完人"，我们都应该认识到自己的不完美。全世界最出色的足球选手，10次传球，也有4次失误；最出色的篮球选手，投篮的命中率，也只有五成；最精明的股票投资专家，买五种股票也有马失前蹄的时候。既然连最优秀的人做自己最擅长的事都不能尽善尽美，我们的失误肯定更多。这就是说，我们绝不可能使每个人都满意。每个人都会有他个人的感觉，都会根据自己的想法来看待世界。所以，不要试图让所有的人都对你满意，否则你将永远也得不到快乐。

从前有一位画家，想画出一幅人人见了都喜欢的画。经过几个月的辛苦工作，他把画好的作品拿到市场上去，在画旁放了一支笔，并附上一则说明：亲爱的朋友，如果你认为这幅画哪里有欠佳之笔，请赐教，并在画中标上记号。

晚上，画家取回画时，发现整个画面都涂满了记号——没有一笔一画不被指责。画家心中十分不快，对这次尝试深感失望。

画家决定换一种方法再去试试，于是他又摹了一张同样的画拿到市场上展出。可这一次，他要求每位观赏者将其最为欣赏的妙笔都标上记号。结果是，一切曾被指责的笔画，如今却都换上了赞美的标记。

最后，画家不无感慨地说："我现在终于明白了，无论自己做什么，只要使一部分人满意就足够了。因为，在有些人看来是丑的东西，在另一些人眼里则恰恰是美好的。"

现实生活中我们也常常遇见类似的事情。当某人做了一件善事，引起身边同事们的注意时，会听到各种截然不同的评论。张三说你做得好，大公无私；李四说你野心勃勃，一心想往上爬；上司赞你有爱心，值得表扬；下属则说你在做个人宣传……总之，各种各样的议论，有的如同飞絮，有的好似利箭，一一迎面扑来。怎么办呢？最好的办法，就是抱着"有则改之，无则加勉"的态度。

别人说的，让人去说；别人做的，让人去做。嘴巴长在人家脸上，你想控制也控制不了。然而，绝不要被人家的评论牵住自己，更不要因别人的言语而苦恼。记住，自己就是自己，自己才是自己的主人！

在一个人的生活圈中，起码有一半的人不赞成你所说的那些事情。因此，无论你什么时候发表意见，你总是会有50%的机会，也总是面对一些反对意见。

明白了这一道理后，当有人不同意你所说的某些事情时，你不要觉得自己受到了伤害，也不要立即改变你的意见以便赢得赞誉之词；相反，你应该提醒自己，没有人会是十全十美得让每个人都满意的。如果你知道了这一点，也就知道了走出绝望的捷径。

现在许多人的通病就是不了解自己。他们往往在还没有衡量清楚自己的能力、兴趣之前，便一头栽在一个好高骛远的目标里，每天享受着辛苦和疲惫的折磨。他们希望获得他人的掌声和赞美，博得别人的羡慕。为此，便将自己推向完美的边界，做什么事都要尽善尽美。久而久之，他们的生活就变成了负担和苦闷，而不是充实和享受了。

人贵在了解自己。根据自己的能力去做事，才能真正地喜悦。不管什么时候，你不必刻意去要求自己，不要以为自己的步伐太小太慢，重要的是每一步都能踏得稳。

拥抱好心情

寻找快乐那是一种人生的态度，而去追求快乐那才是幸福人生的终极目的。你有一颗客观积极的心，黑暗也自然会有它的美丽！

我们都希望天天拥有一份好心情，但在实际生活中，我们却常常被坏心情笼罩。

失恋、被老板炒鱿鱼、生意失败、没评上职称、与邻居吵架……这些都会使我们变得郁郁寡欢。有时一件鸡毛蒜皮的小事，也会立刻击垮我们，让我们眉头不展。

我们想拥有好心情，就得从烦恼的死胡同中走出来。好好审视清楚，看看哪些是事实，把它留下来，设法解决；哪些是垃圾，是给自己制造困扰的想法，要狠下心来，把它抛开，这样就能学会放下、学会割舍。

谈到放下与割舍，在《星云禅话》中有这样一个故事：有一个人，一不小心掉落山谷，情急之下攀抓住崖壁下树枝，上下不得，他祈求佛陀的救助。这时佛陀真的出现了，并伸出手过来接他，说："现在你把攀住树枝的手放下。"但是这个人却不肯松手，他想：把手一松，势必掉到万丈深渊。粉身碎骨。这时他反而更抓紧树枝，不肯放下。这样一位执迷不悟的人，佛陀也救不了他。

拥有坏心情的人就是抓住某个念头不肯松手，却还要寻找新的机会，所以总让自己身陷绝境。

其实，人只要肯换个想法，调整一下态度，就能让自己有另一种心境。。事情就是这样，从不同的角度去看，就会得出不同的结论。快乐与悲观同时存在，关键看是去寻找快乐还是寻找悲观。现实是客观的，而人生是主观的，快乐和痛苦的钥匙都掌握在自己手中。

有个女人习惯每天愁眉苦脸，一件小事就能引起她的不安、紧张。孩子的成绩不好会令她一整天忧心，先生几句无心的话会让她黯然神伤。她说："几乎每一件事情，都会在我的心中盘踞很久，造成坏心情，影响生活和工作。"

一天，她必须去参加一个重要的会议。临出门时她见镜中的自己竟是满脸的愁容，无论她如何去试着微笑，都显得很不自然。

无奈之中，她打电话向朋友诉说这个苦恼。朋友告诉她："把令你沮丧的事放下，想着自己是快乐的人，你就会真的快乐起来。但你的快乐，必须是发自内心的。"她照着去做了。当天晚上，她又给朋友打了个电话："我成功地参加了这次会议，争取到新的工作。我没想到怀着好心情，坏心情自然就会消失。"

人要懂得改变情绪，才能改变思想和行为。思想改变了，情绪也就跟着改变。

享受自己的幸福

　　一个人最难能可贵的是，明白自己追求的是什么，然后正确做出自己的选择，并且优雅地享受自己的幸福。从这个意义上讲，幸福其实跟别人，跟某些物质条件相比，并没有必然的联系，重要的是，当它植根于人们心里的时候，是否能唱出自己的歌。

　　住豪华别墅，开高级轿车，穿名牌时装，吃山珍海味……在许多人的心目中，这才是幸福生活的标准。他们生活于人世，却无法给自己的幸福找一个合理的定位。他们总是用别人的标准来衡量自己的生活，别人做什么他都觉得是对的，别人追求什么他也追求什么，以为自己的幸福有一天也会如约而至。

　　人的惯性思维是"他有什么，我也应该有""他因为有过这些东西，所以比我幸福"，而从来不去思考他真的幸福吗？我们不是别人的副本，我们是一个独一无二的自己。即使我们有一天变得高贵变得有钱，我们也还是自己。人最大的悲哀就是身陷别人给自己设定的方式，顺从地度过一生。

　　有钱会使物质生活优越，这是不争的事实。但有了钱不一定就有了幸福，更重要的是人家的幸福未必就是你的幸福。放弃自己的追求，跟随别人的足迹，就会偏离自己的人生轨道。我们可以追求钱，但是幸福生活的标准本身并不是由那些富人们定出的。钱本身并没有错，错的是我们的态度。也许我们终身都不能大富大贵，这并不意味着我们在自己平凡的生活中找不到幸福，找不到健康的身体、充满活力的心、相亲相爱的家人、志同道合的朋友。

　　许多时候，人们往往对自己的幸福熟视无睹，而觉得别人的幸福却很耀眼。想不到，别人的幸福也许对自己不合适，更想不到别人的幸福也许自己的坟墓。合适的才是最好的。

　　这个世界多姿多彩，每个人都有属于自己的位置，有自己的生活方式，有自己的幸福，何必去羡慕别人？安心享受自己的生活，享受自己的幸福，才是快乐之道。

每个人都用自己独特的方式演绎人生，其中有得到亦有失去，每一份收获都必须有所付出，这种付出与得到的交换是否值得，是否能给自己带来幸福，每个人都有他自己的标准。

金钱固然可以买到许多东西，但不一定能买到真正的幸福。我们看看有的大款，守着一堆花花绿绿的票子，守着一栋豪华的洋房，守着一位貌合神离的天仙，未必就能咀嚼出人生的真正趣味。幸福不幸福同样也不能用手中的"权"来衡量。有了权，未必就能天天开心。我们常常看见有些人，为了保住自己的"乌纱帽"，处处阿谀奉承，事事言听计从，失去了做人的自由，哪里还有什么真正的幸福！

一个人无论地位高低贵贱、贫富美丑，最难能可贵的是明白自己追求的是什么，过着自己的生活，享受自己的幸福。这些幸福是自己的标准，就在自己身边，而不是来源于他人。

第四章　能力有限，避开没有必要的伤害

　　生活中，一个无法回避的事实是，每一个人的能耐总是十分有限，没有一个人样样精通，所以，人人都可在某些方面成为我们的老师。所以，你没有必要怨天尤人、优柔寡断、自卑自贱等，这些只能让你迷失自我，走进伤心的死胡同。

怨天尤人，灰心丧气

倘若我们无法改变面前的事实，但我们为什么不可以改变存在于我们心中的那份心情？

不自信的人喜欢怨天尤人，认为别人的运气总比自己好。自己之所以不顺心，原因全在没有运气，或在他人没有全力支持，根本不从自己身上找根源。

喜欢怨天尤人的人，总有他的理直气壮之处。工作升迁的机会被别人抢去了，他会抱怨领导没有识人之才，真是有眼无珠；事业关键的时候，突然身体生病了，他会抱怨老天爷怎么这样惩罚我；女友离他而去的时候，他会抱怨这个女人真是水性杨花，从来不会自己是不是也有责任；朋友很长时间不联系了，他会抱怨："该死的，是不是把我给我忘了？"……

习惯埋怨和责备他人的人自感无能，于是设法贬低他人来抬高自己。怨天尤人到极处就是愤世嫉俗。但愤世嫉俗不但不为别人喜欢，甚至也会使你不再爱自己。此种态度的养成，多半是因你在某处失败了而找个理由来弥补。例如你对婚姻不忠实，却把责任推到对方身上；你在商业上不能坚持操守，却硬说这世界本来就是个自相残杀的地方，根本没有老实人。愤世嫉俗不但会使你的行为脱离正轨，更糟的是，你还会用它来掩饰自己的过错。如果你每次都对外在的一切嗤之以鼻，你就会更相信所有的人——包括你自己——做什么事都令人失望。

生活中，任何一个微小的不如意，都值得他抱怨一场。整天跟个怨妇似的，跟这样的人生活在一起，简直是一种折磨。而自信有朝气的人，面对生活的不幸全是完全另一种态度。

有一个女友，失业、离婚，之后又得了子宫肌瘤做了大手术，但你从她的脸上看不到任何怨气。她总是一脸阳光，灿烂的笑让人以为她是那种春风得意的女子。

　　她就这样微笑着渡过了人生中的一个又一个难关。下岗了，她没有哭丧着脸怨天尤人，而是坚强地接受命运挑战，她很快自己开了一间美容院，不仅把许多女人变得更美丽，也把自己打扮得很时尚。离婚了，她也没和许多人诉说，她说，当一个祥林嫂似的人物只能让人更加可怜，更让人想不到的是，她居然说婚姻的裂缝绝对不是一个人撕开的，想必我也有责任。很快，她找到了自己的新爱情。即使做了那样大的一个手术，她亦是很坦然地说："这下，我感觉到了生命的美好，所以，必将更加珍惜每一天。"

　　请相信，被称作"运气"的东西，是公平地分配给我们每一个人的。我们每一个人都在为自己创造运气。假如你认为自己的运气不好，是因为你努力的方法不对。

　　现实与理想有时相距甚远，当我们宏伟的目标被残酷现实击穿的时候，不要唉声叹气，不要怨天尤人，更不要就此沉沦，而要笑对人生，笑对生命，只争朝夕，奋发图强，改变轨迹接着再来。只有这样，展现在自己面前的才是一派山清水秀，桃红柳绿的景观。诚然，生命对于我们每个人都只有一次，每个人都在其中不停地耕耘，不停地收获。然而，付出与收获也并不是不变的正比关系，不要看重付出，也无须奢求收获，付出并不意味着失去，收获也并不表明得到，重要在于过程，在于你如何自豪地充实每一天，每一个过程，而这个过程不正是一个很好的圆吗？我们的一生本身就是一个圆，从出生开始我们就意味着要以死亡收尾，留在世上的也只是我们所走过的路程。在这纷繁的尘世中能够在这里留下点滴痕迹，也不枉在这走一回。

　　朋友！倘若我们无法改变面前的事实，但我们为什么不可以改变存在于我们心中的那份心情？生命既然赋予了我们如此美好的世界，它的意义，它的本质也许就是需要我们鼓足勇气，慷慨走上那份属于自己的人生之路！让我们在漫漫的人生征途上，永远笑对生命！

面对选择，优柔寡断

优柔寡断，对于一个有追求的人来说，实在是一个可怕的问题。

考虑事情全面、细致，这点固然很好，但却因细而全，优柔寡断，就很麻烦了。面对选择，优柔寡断终是缺乏自信的表现。一旦遇到了事情就主意不定、意志不坚，一定要和他人商量，这种人既不会相信自己，也不会为他人所信赖。

玲是一个典型的优柔寡断的人。当她买一样东西的时候，她一定要把全城所有出售那样东西的商场都跑遍。当她走进了一个商店，便从这个柜台，跑到那个柜台，从这一部分，跑到那一部分。她从柜台上拿起了货物时，会从各方面仔细打量，看了再看，心中还不知道喜欢的究竟是什么。她看了又看，还会觉得这个颜色有些不同，那个式样有些差异，也不知道究竟要买哪一种是好。她还会问各种问题，有时问了又问，弄得店员们十分厌烦，结果，她也许一样东西也不买，空手而去。

万一碰巧她买到了一件衣物，她心中还是怀疑买的东西是否真的不错？是否买贵了？是否要带回去询问他人的意见，然后再向店中调换？

在终身大事的问题上，她也一直犹豫不决。自由恋爱的男朋友，情投意合，但母亲提醒她："男人没有经济能力，你将来喝西北风啊？"她便开始担心未来，整日忧心忡忡。邻居给她介绍了一个男孩，倒是一表人才，有房有车，可她觉得两个人说起话来有一句没一句的不冷不热。很长时间，玲总在两个人之间徘徊不定，不知道选择哪一个？选第一个吧，怕真如母亲所说，辛苦一生；选第二个，又怕以后两人感情不和。真是痛苦极了，两个男孩也跟着她痛苦不堪。真不知她哪一天才能做决定呢？

看，优柔寡断，对于一个人来说，实在是一个可怕的问题。有此种问题的人，从来不会是有毅力的人。这种性格上的弱点，可以破坏一个人的自信力，也可以破坏她的判断力，并大大有害于她的全部精神能力。分析一下，造成缺乏果断精神的原因，大致有以下几个方面：

第一，独立经济收入能力较低，在生活中难以表现出慷慨大度的特性。

第二，尤其是女人，女人的社会地位普遍低于男性，一般很少有参与重大决策的机会，自然而然地就无法形成果断的工作能力。世界上大多数能锻炼人的果敢英勇的职业，如军人、重要部门的领导工作。几乎都为男性垄断。

即使男女做同一种不需决策的工作，男人往往也表现得比女人果断。有些经济收入很高的女人，在生活上能果断起来，但在其他方面仍然优柔寡断，这又是为什么呢？这是因为女性心理特点与男性有较大区别。女人普遍比较敏感，对事物的细节感知得比较精确，往往能看到许多男人看不到的东西。两件相同的商品，男人看来并无太大区别，而女人却能从中看到许多不同之处，不同之处越多，越容易使人难以把握和选择。男人不善于注意这些差异，因而也没有抉择时冲突的痛苦，而女人却常常能体验到这种痛苦。

此外，很多人总是怀疑自己的能力，需要决策时，总是担心出现自己应付不了的局因此总是过多地考虑事物的不利因素，不能果断地去做某件事。

相反，有些人，一旦打定主意，就决不再更改，不再留给自己回头考虑、准备后退的余地。一旦决策，就要断绝自己的后路。养成坚决果断的习惯，你一定会变得越来越自信，越来越受人尊敬。

犹豫不决、优柔寡断是人一生的大敌，在它还没有伤害你、破坏你、限制你一生的时候，你就要即刻把这一敌人置于死地。不要再等待、犹豫不决。不要等到明天，今天就应该开始。要逼迫自己训练一种果断坚定的能力、遇事迅速决策的能力，逼迫自己去成就自信从容的美丽。

自卑自贱，迷失自我

自卑往往伴随着怠惰，往往是为了替自己在其有限目的的俗恶气氛中苟活下去作辩解。这样一种谦逊是一文不值的。生活中，任何人都没有必要自卑。

在心理学中，自卑属于性格问题，常常表现在一个人对自己的能力、品质等做出偏低的评价和估计。或者说，自卑是一种瞧不起自己的消极心态。

丹麦有一个寓言故事：在国王的花果园中，栽满了各种花草和树木。一天，国王来这里散步，却发现园中的植物都枯萎凋谢了。

国王问梧桐为什么无精打采，梧桐说："我不如松柏的不畏严寒，四季长青，所以不想活了。"

国王接着问松柏为何枯萎，松柏说："我不如桃李花色艳丽，果实累累，活着没意思。"

国王又问桃李为什么不开花结果，桃李说："我长得没有松柏的挺拔，也没有葡萄的婀娜，我身姿太丑了。"

国王又走到葡萄前问葡萄为什么毫无生气，葡萄说："我没有依靠就直不起腰杆，我太丢人了。"国王不停地问……

兰花哀叹没有梨花的繁茂，荷花则抱怨它只能待在水里，牡丹自责没有茉莉的芬芳……满园的花木都在自怨自艾。

这就是自卑。

现代社会，生活节奏明显加快，竞争越来越激烈，有赢者，当然也就有输家，输了一次就轻贱自己，他会永远停留在原来的位置上。即使再次踏上起跑线，他也会因为对手的飒爽英姿而停滞前进的步伐，放弃对终点的冲刺，自然是无法成功的。

生活中，任何人都没有必要自卑，每个人都有自己的不足，也有自己的长处，重要的是要看得到自己的这些长处，而不是专门去发现别人的"长处"。

从前在夏威夷有一对双胞胎王子，有一天国王想为儿子娶媳妇了，便问大王子喜欢怎样的女性呢？

王子回答："我喜欢瘦的女孩子。"

而知道了这消息的岛上年轻女性想："如果顺利的话，或许能攀上枝头做凤凰。"于是大家争先恐后地开始减肥。

不知不觉，岛上几乎没有胖的女性了。不仅如此，因为女孩子一碰面就竞相比较谁更苗条，甚至出现了因为营养不良而得重病的情况。

但后来却出现了意外的情况。大王子因为生病过世了，因此仓促决定由弟弟来继承王位。

于是国王又想为小王子娶媳妇，便问他同样的问题，"现在的女孩子都太瘦弱了，而我比较喜欢丰满的女性。"小王子说。

知道消息的岛上年轻女性，开始竞相大吃特吃，不知不觉中，岛上几乎没有瘦的女性了。岛上的食物也被吃得乱七八糟，为预防饥荒而储存的粮食也几乎被吃光了。而最后王子所选的新娘，却是一位不胖不瘦的女性。

王子的理由是："不胖不瘦的女性，更显得青春而健康。"

为缺点和自卑感烦恼的人一定要注意这一点："审美观是因人而异的。"假设有位女性，也许这个人会认为她是个美女，而另一个人却认为她不怎么样。也就是说，每个人的审美观并不相同，太看重别人的评价或因为自己一点的缺陷就自卑，不但没有必要，而且会影响自己正常的生活。

怀有自卑情绪的人，往往遇事总是认为："我不行""这事我干不了""这个工作超过了我的能力范围"……其实，这是没有尝试就给自己下了结论，而实际上，只要他专注努力，他是能干好这件事的。

"自卑自贱，默认自己的无能，就是选择了失败的道路，他们最擅长的行为手段是逃避现实，责备自己，一事无成将是必然的结局。"这是拿破仑的一句经典名言，值得我们借鉴。

天下之人，千万不要在自卑自贱中迷失自我了。要知道：只有了解自己的个性，利用自己的独特之处，真心真意做自己的人，才是世上最美的人。

唠唠叨叨，发泄不满

没有哪个人会欣赏一个唠叨不休的人，也没有哪个人会尊重爱唠叨的人的意见。即使是他自己，也一般不会喜欢另一个唠叨的人，因为唠叨的人一般只想到自己发言，而根本不想做一个听众。

唠叨本就是不自信的表现。他们因为感到孤独、感到不满、感到自己不被人爱不被人赞赏，所以会唠唠叨叨说个不停，以此给自己安慰或引起他人的注意。而自信的人是永远不会与唠叨结缘的。

不信你看，在工作中感到快乐和充实的人很少在家里唠叨。这些人没有时间和精力去唠叨，他的注意力集中在工作上，因为在工作中他可以获得很多的赞赏、奖励和建议。如果他的同事不完成办公室杂务的话，他或者花钱请别人来做，或者忽视这些杂务，或者重新找一个愿意做这些杂务的同事。无论采取什么措施，他都会以一种强有力的姿态处理这类事情。

没有哪个人会欣赏一个唠叨不休的人，也没有哪个人会尊重爱唠叨的人的意见。即使是他自己，也一般不会喜欢另一个唠叨的人，因为唠叨的人一般只想到自己发言，而根本不想做一个听众。

吴女士结婚一年，每天一下班就忙于回家做饭，可以说一心扑在家里。可不知为什么，她与老公的关系越来越紧张，新婚时家庭中的温馨气氛也没有了。为什么呢？吴女士对此非常苦恼。对此，吴女士的丈夫说："我工作一天感觉很累，想赶快回家坐在沙发上喝杯茶，忘掉一天工作中烦人的事。没想到一回家我妻子就唠叨上了：你总是空手回来，也不顺便买点菜，就知道张口吃……本来我就事多心烦，回到家里本想温馨的家庭气氛能驱散我工作中的烦恼，没想到我妻子的一番唠叨使我愁上加愁，心情急剧恶化。于是我就和她顶撞起来，造成双方情绪都不好，这样的情况一次两次，我能够理解她，可我妻子总是这样唠唠叨叨的，一点没有我理想中的柔情，我对此事也十分苦恼。"

这就是唠叨女人的悲哀，她们在不知不觉中让男人抓狂。的确，一个唠叨的女人，对整个家庭来说都是噩梦。男人回到家里，便陷入毫无头绪的抱怨和呻吟中，这时他最想做的，就是蒙头冲出家门去。她不要指望孩子们会忍受你的唠叨，就算他真的很爱你，但是大量的荷尔蒙会使他们做出更让你伤心的反应来。

让人不可思议的是：爱唠叨的人对现实总有很多的不满，他们抱怨收入不高，抱怨孩子的不听话，抱怨单位不如意，抱怨社会福利少……当然仅仅是抱怨而已，无意或者自觉也无力去改变什么。和他们在一起，任何人都会沮丧，郁闷，觉得生活没乐趣，时间过得太慢。

爱唠叨的人，忧愁忧郁时唠叨；得意得志也唠叨，唠叨是一种自我宣泄、自我慰藉，也是一种心理需要和生理需要。然而，对于无休无止的唠叨会把听者的耐心消耗殆尽，并且累积起一种憎恶。世界各地的人都把唠叨列在最讨厌的事情之首。

尤其是上了一些年岁的女人。青春的流逝让她们备觉伤感与无奈。同时，在生活工作中力不从心的感觉也让她们焦躁。偏偏她们的苦恼又得不到别人的理解，比如挣扎在社会夹缝里的丈夫和正处于叛逆期的子女。在这种情况下，她们只有通过不断地重复自己的观点，来吸引人们的注意，直至这种方式成为一种习惯。

如果一群唠叨的女人聚在一起，天啊，那简直就是世界末日。每个人都在抱怨，每个人都在诅咒，每个人说话都前言不搭后语。还伴随着尖叫，狂笑……如果上帝没有戴着耳塞的话，恐怕他也要跳楼了。

所以我们不得不时时警醒自己，永远不要做一个唠叨的女人，因为唠叨并不能让你更受关注。如果把唠叨的时间花在其他有益的事情上，也许你可以有意外的收获。

几种改变唠叨毛病的建议：

第一，不要重复你的要求。把你的期望讲一遍就打住，然后就忘掉它。

第二，培养幽默感。幽默感是好心情的源泉。

第三，尽量采用亲切温和的方式去请求，而不是喊叫。男人都喜欢被人请求，而不是命令。

第四，要以宽容的心态对待生活中的小事，别为小事抓狂。

第五，保持冷静清醒的头脑。时刻提醒自己：唠叨除了让别人讨厌以外，什么作用也没有。

第六，做自己喜欢做的事。

请记住，自信的人是不会与唠叨为伍的，他们总能以饱满的激情化解生活当中的困境。

冷漠的心墙

　　心墙不除，人心会因为缺少氧气而枯萎，人会变得忧郁、孤寂。爱
是医治心灵创伤的良药，爱是心灵得以健康生长的沃土。

　　在当今社会里，人们每天的大部分时间都在钢筋水凝土筑成的独立空间中，偶尔与外界的沟通也是通过电话、电子邮件来完成。虽然身处闹市，人们的心却由一道无形的心墙尘封起来，因为缺少爱的滋润，心变得越来越冷漠、孤独，以致扭曲变形。

　　一位建筑大师阅历丰富，一生杰作无数，但他自感最大的遗憾就是把城市空间分割得支离破碎，而楼房之间的绝对独立则加速了都市人情的冷漠。大师准备过完 65 岁寿辰就封笔，而在封笔之作中，他想打破传统的设计理念，设计一条让住户交流和交往的通道，使人们之间不再隔离而充满大家庭般的欢乐与温馨。

　　一位颇具胆识和超前意识的房地产商很赞同他的观点，出巨资请他设计。图纸出来后，果然受到业界、媒体和学术界的一致好评。

　　然而，等大师的杰作变为现实后，市场反应却非常冷漠，乃至创出了楼市新低。

　　房地产商急了，急忙进行市场调研。调研结果出来后，让人大跌眼镜：人们不肯掏钱买这种房的原因竟然是嫌这样的设计使邻里间交往多了，不利于处理相互间的关系；在这样的环境里活动空间大，孩子们却不好看管；还有，空间一大，人员复杂，对防盗之类人人担心的事十分不利……

　　大师没想到自己的封笔之作会落得如此下场，心中哀痛万分。他决定从此隐居乡下，再不出山。临行前，他感慨地说："我只认识图纸不认识人，是我一生最大的败笔。"其实这怎么能怪大师呢，我们可以拆除隔断空间的砖墙，谁又能拆除人与人之间厚厚的心墙呢？

心墙不除，人心会因为缺少氧气而枯萎，人会变得忧郁、孤寂。爱是医治心灵创伤的良药，爱是心灵得以健康生长的沃土。爱，以和谐为轴心，照射出温馨、甜美和幸福。爱把宽容、温暖和幸福带给了亲人、朋友、家庭、社会和人类。无爱的社会太冰冷，无爱的荒原太寂寞。爱能打破冷漠，让尘封已久的心重新温暖起来。

在与人交往时，将你的心窗打开，不要吝啬心中的爱，因为只有爱人者才会被爱。你会获得许多关于爱的美丽传说；当你陷入困境时，你会得到许多充满爱心的关怀和帮助。

人活在世界上，最重要的不是被爱，而是要有爱人的能力。如果不懂得爱人，又如何能被人所爱呢？朋友，丢掉你的冷漠，打开你尘封的心，释放心中的爱吧，你的生命会因爱而更精彩。

不撞南墙不回头

人有时候很糊涂，做荒唐事时根本不知道自己荒唐，也根本听不进任何善意的忠言，非得撞上了南墙才想到回头。

以前听得多的是"不到黄河心不死"，近几年反而总听到"不撞南墙不回头"，不知道会不会再过几年，就是"不见棺材不掉泪"了。

钻牛角尖的时候，曾想，为什么就是南墙，而不是东墙，西墙，甚至北墙？后来，却是有点不以为然了，

很多事，其实，即使撞了南墙，也不一定回头的。因为有"失败为成功之母"的说法，于是，我们鼓励自己在失败中一次又一次站起来，屡战屡败，却又屡败屡战，直到磨光了所有的勇气。

听说过一个寓言，是关于鲨鱼的：

有人做过实验，将一只最凶猛的鲨鱼和一群热带鱼放在同一个池子，然后用强化玻璃隔开。

最初，鲨鱼每天不断撞击那块看不到的玻璃，奈何这只是徒劳，它始终不能过到对面去。而实验人员每天都有放一些鲫鱼在池子里，所以鲨鱼也没缺少猎物，只是它仍想到对面去，想尝试那美丽的滋味，每天仍是不断地撞击那块玻璃，它试了每个角落，每次都是用尽全力，但每次也总是弄得伤痕累累，有好几次都浑身破裂出血，持续了好一些日子，每当玻璃一出现裂痕，实验人员马上加上一块更厚的玻璃。

后来，鲨鱼不再撞击那块玻璃了，对那些斑斓的热带鱼也不再在意，好像他们只是墙上会动的壁画，它开始等着每天固定会出现的鲫鱼，然后用它敏捷的本能进行狩猎，好像回到海中不可一世的凶狠霸气，但这一切只不过是假象罢了，实验到了最后的阶段，实验人员将玻璃取走，但鲨鱼却没有反应，每天仍是在固定的区域游着，它不但对那些热带鱼视若无睹，甚至于当

那些鲫鱼逃到那边去，他就立刻放弃追逐，并没有再游过去，实验结束了，实验人员讥笑它是海里最懦弱的鱼。

可是失恋过的人都知道为什么，因为它怕痛。这应该也算不撞南墙不回头的一种了吧，不一定只是失恋，许多事都是一样的。只是，还有一种情况，因为怕痛，所以不再傻傻地撞墙了，可是，又不甘心就此回头，于是，就这么停在了原地，日复一日，年复一年！

人有时候很糊涂，做荒唐事时根本不知道自己荒唐，也根本听不进任何善意的忠言，非得撞上了南墙才想到回头。

太清闲本身是一种病态

最好的活法应该是将为生活而忙碌与对生命闲适的追求合二为一，似忙而闲，闲中有忙，闲散无事时，不断发愤自强，奔波忙碌中，不失闲适雅趣。

生活中经常听到有人抱怨工作太辛苦，希望自己能有朝一日抓彩票重头奖，一下子成为百万富翁，那样的话就可以整天不愁吃穿，啥也不干，那该多快乐啊！其实不然，过于清闲未必就能快乐，却有可能"太闲生恶业"。

有这样一则故事：

有一个人死后，在去阎罗殿的路上，遇见一座金碧辉煌的宫殿。宫殿的主人请求他留下来居住。

这个人说："我在人世间辛辛苦苦地忙碌了一辈子，我现在只想吃，只想睡，我讨厌工作。"

宫殿的主人答道："若是这样，那么世界上再也没有比我这里更适合你居住的了。我这里有山珍海味，你想吃什么就吃什么，不会有人来阻止你；我这里有舒服的床铺，你想睡多久就睡多久，不会有人来打扰你；而且，我保证没有任何事情需要你做。"

于是，这个人就住了下来。

开始一段日子，这个人吃了睡，睡了吃，感到非常快乐。渐渐地，他觉得有点寂寞和空虚，于是他就去见宫殿的主人，抱怨道："这种每天吃吃睡睡的日子过久了也没有意思。我现在是脑满肠肥，对这种生活已经提不起一点兴趣了。你能否为我找一份工作？"

宫殿的主人答道："对不起，我们这里从来就不曾有过工作。"

又过了几个月，这个人实在忍不住了，又去见宫殿的主人："这种日子我实在受不了。如果你不给我工作，我宁愿去下地狱，也不要再住在这里了。"

宫殿的主人轻蔑地笑了："你以为这里是天堂吗？这里本来就是地狱啊！"安于过清闲的生活原来也是如此可怕，原来也是一种地狱！它虽然没有刀山火海，没有油锅，可它能够腐蚀人的心灵，能够让人陷入悲伤的海洋。正如诗人荷马所说："太多的休息，本身成了一种病态。"

什么叫作闲？闲有身闲，有心闲。身闲是身体不忙碌，心闲则是心中无事。闲适本来是一种难得的境界，坐在院中的桂花树下，人生能得闲适的时光，十分不容易。工作之余，坐在院中一边欣赏月色，一边和家人谈论着生活琐事，能让人忘却生活中的忙碌，放下心中的名利，自有一番闲适的天地。但是，若人生没有追求，生活没有目标，只过闲逸的日子反而让人受不了，反而有害。心中追逐名利，万念难平，而外在的身体又无事可做，那么这种身闲心不闲的日子也许会生出种种邪念。能做到心闲而身不闲的人并不多，人们大部分追求的都是物欲之乐。许多罪恶都是从玩乐中产生出来的，过度的玩乐，易使人迷失自我。人生如朝露，何不善用闲暇，使它变成我们生命中最美好的时光呢？

最好的活法应该是将为生活而忙碌与对生命闲适的追求合二为一，似忙而闲，闲中有忙，闲散无事时，不断发愤自强，奔波忙碌中，不失闲适雅趣。

绝望是心灵的毒药

没有绝望的处境，只有对处境绝望的人。

一位经商的朋友因为信息不准而赔了个底儿朝天。大家都劝他积蓄力量，等明日东山再起，可他却整日借酒消愁，痛不欲生，绝望到了极点。为了劝他早日从绝望中醒来，我给他讲了这样一个故事：

有个年轻人，有一天，因心情不好，他走出家门，漫无目的地到处闲逛，不知不觉间来到了森林深处。在这里他听到了婉转的鸟鸣，看到了美丽的花草，他的心情渐渐好转，他徜徉着，感受着生命的美好与幸福。忽然，他的身边响起了呼呼的风声，他回头一看，吓得魂飞魄散，原来是一头凶恶的老虎正张牙舞爪地扑过来。他拔腿就跑，跑到一棵大树下，看到树下有个大窟窿，一棵粗大的树藤从树上深入窟窿里面，他几乎不假思索，抓住树藤就滑了下去，他想，这里也许是最安全的，能躲过劫难。

他松了口气，双手紧紧地抓住树藤，侧耳倾听外边的动静，并时不时伸出头去看看。那只老虎在四周踱来踱去，久久不肯离去。年轻人悬着的心又紧张起来，他不安地抬起头来，这一看又叫他吃了一惊，一只坚牙利齿的松鼠在不停地咬着树藤，树藤虽然粗大，可经得住松鼠咬多久呢？他下意识地低头看洞底，真是不得了！洞底盘着四条大蛇，一齐瞪着眼睛，嘴里摇卷着长长的芯子。恐惧感从四面八方袭来，他悲观透了。爬出去有老虎，跳下去有毒蛇，上不得，也不下得，想这么不上了不下吧，却有那只松鼠在咬树藤，他甚至已经听到了树藤被咬之处咯巴咯巴欲断未断的响声。

年轻人想：悬挂不动已不可能，树藤已不让你悬了；跳下去也绝地生路，那是个死胡同，连逃的地方都没有；可是外面呢，有可怕的老虎，但也有鸟鸣，有花香。年轻人想，难道这就是人生的宿命？冥冥之中，他听到一个声音在喊："别怕，跑吧。"于是他不再作多余的考虑，一把一把向上攀登，他终于爬到了地面，看到那只老虎在树底下闭目养神（是的，苦难也有闭上眼睛的时候），他瞅住这个机会，拔腿狂奔，终于摆脱了老虎，安全回到了家。

记得前几年热播的电视剧《渴望》的主题曲中唱道："生活，是一团麻，也有那解不开的小疙瘩；生活，是一条路，也有那数不尽的坑坑洼洼……人生的大道不可能永远是坦途，困难、挫折，甚至是绝境都是在所难免的。绝境并不可怕，只要人不绝望，只要心中与困境作斗争的勇气仍在，即使山穷水尽，也会有柳暗花明的时候。

绝望是心灵的毒药，它会吞噬一个人的意志，腐蚀一个人的斗志。哈尔西说："没有绝望的处境，只有对处境绝望的人。"世界上从来没有什么真正的"绝境"。无论黑夜多么漫长，朝阳总会冉冉升起；无论风雪多么肆虐，春风终会吹绿大地。冬天既然已经来临，春天还会远吗？

好酒也怕巷子深

如果想在现代社会谋得一席之地，除了自己努力之外，还要把握机会适时展现自己的优点。

古人所言"沉默是金"的年代，早已一去不复返，现代人如果不懂适时地包装好自己的形象，把握机会推销自己，就很难有出人头地的机会。

今天的影星们就很善于推销自己，他们不惜被媒体曝光，甚至不在意披露他们鲜为人知的私生活。现在许多当红的歌星、球星频频在电视屏幕上为一些知名品牌的企业、商品做广告，既为企业争取到"名人效应"，也大力推销了自己，还会有一份不菲的广告收入，真可谓推销和展示自己形象的成功之道。

今天，懂得推销自己的人，才容易快速成功。

受中国传统文化的影响，很多人在职场中多表现得比较含蓄和克制，许多时候是甘愿默默勤勉地去做自己不感兴趣的工作，也不愿积极向上司展示自己的才华，争取学有所用的位置，而寄望于上司能看到自己的勤奋和能力，坐等伯乐的出现。

虽说桃李不言下自成蹊，那也得看人们是否有良好的鉴赏力。有一个人是学服装设计的，但毕业后被分配到一家剧团剧务组工作，虽然他对服装造型有极好的感觉，但他却从没有对演出时服装的不到位提出过任何建议，更没有向领导反映过自己愿意于本行的愿望，只能在打杂中消耗自己的才能。

有所学校有个有名的才子，不但琴棋书画无所不通，口才与文采也是无人可与之比肩。大学毕业后，在学校的极力推荐下去了一家小有名气的杂志社工作。谁知就是这样的一个让学校都引以为豪的人物，在杂志社工作不到半年就被炒了鱿鱼。

原来，在这个人才济济的杂志社内，每周都要召开一次例会，讨论下一期杂志的选题与内容。每次开会很多人都争先恐后地表达自己的观点和想法，只有他总是悄无声息地坐在那里一言不发。他原本有很多好的想法和创意，但是他有些顾虑，一是怕自己刚刚到这里便"妄开言论"，被人认为是张扬，是锋芒毕露；二是怕自己的思路不合主编的口味，被人看作为幼稚。就这样，在沉默中他度过了一次又一次激烈的争辩会。有一天，他突然发现，这里的人们都在力陈自己的观点，似乎已经把他遗忘在那里了。于是他开始考虑要扭转这种局面。但这一切为时已晚，没有人再愿意听他的声音了，在所有人的心中，他已经根深蒂固地成了一个没有实力的人物。最后，他终于因自己的过分沉默而失去了这份工作。我们常说沉默是金，但也不想忘了，沉默同时也是埋没天才的沙土。

记住：再好的酒也怕巷子深。如果想在现代社会谋得一席之地，除了自己努力之外，还要把握机会适时地展现自己的优点。尽量利用传媒或是公开露面的机会，发表自己的看法，这就是一种推销自己的方式。

想在最短的时间里成功，如何将自己的名声大噪，并且在社会上取得一定的美誉度，是走向成功必经的一步。不论是在自己工作的团体里，或是在所参与的社会活动里，都应该要尽量争取表现的机会，让自己的风采尽情展现。好酒也怕巷子深。不要犹豫了，大胆地做自己的宣传大使吧！一旦有了名气和美誉度，还愁不成功吗？

缺陷并不是一种遗憾

如果你能够认识到自己生活在一个有缺陷的世界中，并不断地追求进步，不断地克服缺陷，不断地超越缺陷，那才是真正认识自己的生命价值。

我们常常抱怨自己时运不济，觉得自己不能脱颖而出。但只要把眼光低下来，看看自己的平庸之处，甚至是有缺陷的部分——说不定在那里，我们也会发现那些一直深藏着而有价值的东西，所以根本没有必要为自身的缺陷而烦恼。沙里淘金，你自身的优势总是会被一点一点挖掘出来的。

无论缺陷是与生俱来的，抑或宛如晴天霹雳，不必心力交瘁地躲躲藏藏，也不必化作泰山压在心头如果说滞留于影子的黑暗会让人孤立，那么挽去影子的黑暗往往让人在阳光下举步维艰。唯有面对缺陷，点燃希望，化作缕缕青烟，让它引导你到达成功的彼岸，那才是缺陷的归宿。

卡丝·黛莉颇有音乐天赋，然而她却长了一口龅牙。第一次上台演出的时候，为了掩饰自己的缺陷，她一直想方设法把上唇向下撇着，好盖住暴出的门牙，结果她的表情看起来十分好笑。

她下台后一位观众对她说："我看了你的表演，知道你想掩饰什么。其实这又有什么呢？龅牙并不可怕，尽管张开你的嘴好了，只要你自己不引以为耻，投入地表演，观众就会喜欢你。

卡丝·黛莉接受了这个人的建议，不再去想那口牙齿。从那以后，她关心的只是听众，像一切都没有发生那样张大了嘴巴尽情歌唱，最后成为了一位非常优秀的歌手。

一口龅牙并没有给她带来任何不良影响，相反还成了她形象的一大特色。人们接受甚至喜欢上了她的龅牙，就像喜欢她的歌声一样。从某种意义上说，外露的牙齿和她的歌声一起，才构成了一个完整的卡丝·黛莉。

在生活中，很多人对一些缺憾不能正确理解和认识，反而给予轻视甚至嘲讽，认为残疾是一种缺憾。2005 年央视电视台春节联欢晚会上，21 个聋哑演员将舞蹈《千手观音》演绎得天衣无缝、美轮美奂，震撼了所有观众，在中央电视台的元宵晚会上，《千手观音》被评为"我最喜爱的春节晚会节目歌舞类一等奖"。由无声世界里的人们带来的舞蹈《千手观音》，引发了长久的赞誉和惊叹。这又说明了什么，他们用自己的行动证明，残疾并不意味着生活不完美，而残缺也是一种美。

无论你存在哪种缺陷，无论你是否完美，当你处在人生的低谷，因自己某方面的缺陷而自卑时，不妨对自己说："相信自己明天就会有所作为！"因为，残缺并不是一种遗憾，而是一种耐人寻味的美。你会突破残缺的障碍，让你的生命迸发出更强烈的声响。

如果你能够认识到自己生活在一个有缺陷的世界中，并不断地追求进步，不断地克服缺陷，不断地超越缺陷，那才是真正认识自己的生命价值。

内心那份懦弱

世上没有任何绝对的事情，懦夫并不注定永远懦弱，只要他鼓起勇气，大胆向困难和逆境宣战，并付诸行动，便开始成为勇士。

懦弱者常常会品尝到悲剧的滋味。中国历史上南唐后主李煜性格懦弱，终于没能逃脱沦为亡国之君、饮鸩而死的悲惨命运。李煜虽然在诗词上极有造诣，然而作为一个国君，一个丈夫，他是一个懦夫，是一个失败者。

美国最伟大的推销员弗兰克说："如果你是懦夫，那你就是自己最大的敌人；如果你是勇士，那你就是自己最好的朋友。"对于胆怯而又犹豫不决的人来说，一切都是不可能的。事实上，总是担惊受怕的人，就不是一个自由的人，他总是被各种各样的恐惧、忧虑包围着，看不到前面的路，更看不到前方的风景。正如法国著名的文学家蒙田所说："谁害怕受苦，谁就已经因为害怕而在受苦了。"懦夫怕死，但其实，他早已经不再活着了。

世上没有任何绝对的事情，懦夫并不注定永远懦弱，只要他鼓起勇气，大胆向困难和逆境宣战，并付诸行动，便开始成为勇士。正像鲁迅所说："愿中国青年都摆脱冷气，只是向上走，不必听自暴自弃者说的话。能做事的做事，能发声的发声，有一分热发一分光，就像萤火一般，也可以在黑暗里发一点光，不必等待炬火。"

人生在世，最可恨的就是胆小畏缩地过一辈子。可人有时却生性懦弱，毫无冒险之心，这无疑是不能成功的一大原因。上天既然让我们降生于世，我们就应当承担起我们作为人的责任和义务，书写那一个大大的"人"字。

著名的桥梁专家茅以升的家乡，坐落在古老的秦淮河边，河上有一座文德桥，每年端午节，河两岸的人就聚在桥上桥下，观看龙舟比赛。在茅以升11岁那年，快到端午节了，他每天都跑到秦淮河边，想象着桥下龙舟飞舞，人声鼎沸的场景。

可是，端午节那天，他偏偏生病了，母亲说什么也不让他出门。正在他憋闷得难受的时候，听到从河岸方向传来好多人的号哭声，一会儿，几个小伙伴大惊失色地跑来："不好了，看龙舟比赛的人太多了，把文德桥压塌了，伤了好多人呢。"一场热闹的龙舟比赛，成了一场桥塌人亡的灾难。

这件事对茅以升刺激很大。他病好后，站在断桥旁，大声向同伴宣布：我长大了，一定要造一座又高又结实的大桥，决不能再发生这种桥塌人亡的事故！然而，除了惹来同伴的一阵哄笑之外，他什么也没获得。但是茅以升并不在意，而是把自己的誓言深深地烙在脑中。

从这天起，茅以升真的琢磨起造桥的事情来。只要他出门看到桥，总要爬上爬下地看个究竟，不管石桥还是木桥，从桥面到桥墩、桥桩，都要仔仔细细地琢磨几遍。特别是当他看到满载货物的车辆和匆忙赶路的行人，借助一道道桥梁，跨过水深流急的江河时，更是激动不已。他希望：有一天，自己能亲手设计一座大桥，来为人们造福。

茅以升一见到有关桥梁的图画和照片，他就珍藏起来。他还将古诗词和古散文中描绘桥梁的诗句、段落，摘记在本子上，汇集在一起，作为珍贵的资料来保存。

茅以升还懂得，要实现造桥的理想，就要学好各门课程，因此，他学习非常刻苦努力。他为了锻炼自己的记忆力，经常练习背诵圆周率小数点后面的位数，经过一段时间的练习，他竟能把圆周率小数点后面一百位数字一字不差地背诵下来。他还经常到河边去背诵古诗文，来培养自己的毅力。尽管河边人声嘈杂，河边景色气象万千，他也决不受一丝干扰，专心致志地学习，如入无人之境。

1917年，茅以升在美国纽约的康奈尔大学取得硕士学位，拒绝了学校的聘请，毅然回国，最后终于实现了为人民造桥的理想。

大家可能都有过这样的经验，如果你手上握着一手好牌，你就可以一边嗑着瓜子，一边得意洋洋地看着牌桌上另外几个人愁眉苦脸地盯着自己手中的牌，可往往这个时候，我们输的可能比较大。但是如果你手上握着一手普普通通或许是奇差无比的牌，你可能就会充分利用计谋，竭尽所能，将手中的牌发挥出最大的功效。那么很多时候你就可以成功，而手中握有一手好牌的人可能就是你的手下败将。

人生最大的幸福不在于拿着一手好牌赢得胜利，而在于能将一把普通的牌打好。如愿以偿固然令人欣喜，然而在奋斗的过程中，眼看着自己一步一步离目的地更近，这一点一点聚集起来的喜悦才最为动人。

所有的成功者，都是自我品质提升的结果，而其动力都是心中那股不服输不认命的信念。信念是一种能激发起大量灵感的神奇力量，是一种促使人们完成伟大事业的力量。信念支撑你走向胜利。信念的力量在于即使身处逆境，也能帮助你扬起前进的风帆；信念的伟大在于即使遭遇不幸，也能召唤你鼓起生活的勇气。

"我一定行!"这是成功人士的成功宣言，他们或许出自最贫困的家庭，或许有着不为人知的辛酸童年，或许当初也曾有过懦弱的一面，但最终成功的人都是一群用超然的自信和不服输的精神坚持梦想的人。

第四章

能力有限，避开没有必要的伤害

第五章　改变心情，多爱自己一点点

　　解决坏心情很简单，就是收起坏心情，每天多爱自己一点点，比如：换个新发型、买一件心仪已久的服装、去健身房做一次大汗淋漓的健身运动、睡个美容觉或是敞开肚皮去饱餐一顿，等等。这些都是缓解心情的良药。

用兴趣愉悦自己

兴趣，是一个人充满活力的表现。生活本身应该是赤橙黄绿青蓝紫多色调的。有兴趣爱好的人，生活才有七色阳光；才能感受到生命的珍贵可爱。

做自己喜欢的事情，使自己的兴趣广泛一点，多涉猎一些雅的、俗的，喜欢自己喜欢的，能给人生增添无限的乐趣。

一个多才多艺的人，容易产生成就感，易被社会接纳。因为他能赢得社会的赞誉和周围人们的欣赏；能做到厚积薄发，触类旁通，愉快地编织自己的网络，萌生出新的乐趣；易发现别人不易发现的智慧和美。有时，在别人一筹莫展之处，他却能畅通无阻，勇往直前。在别人遇到危难、难以前进时，他却能履险如夷，跨越艰辛。

美国前总统富兰克林·罗斯福即使在战争最艰苦的年代里，仍然坚持每天抽出一点时间来从事自己的小爱好——集邮。做自己喜欢做的事，可以让他忘记周围的一切烦心事，让心情彻底放松，让大脑重新清醒起来。

小爱好不但可以愉悦身心，放松心情，而且还有延年益寿之功。有人做过这样的研究，他们试图找到长寿老人的共同特点。他们研究了食物、运动、观念等多方面因素对健康的影响，结果令人惊讶，长寿老人们在饮食和运动方面几乎没有完全共同的特点，但有一点却是共同的，即他们都有自己的小爱好，并且把这作为自己的人生目标而为之奋斗，这是他们的精神寄托。

所以，无论你对生活多么不满，一定要有人生目标，要有点爱好，有点精神食粮，因为它能让你找到心灵家园，从而使人生更有意义。

兴趣不仅是事业成功的助推剂，也可以让人感到工作的快乐，减轻疲惫感。

"压力之父"塞叶博士曾经说，尽管他每天从早晨五点工作到深夜，但他认为自己这辈子从未做过一件工作，自己整天都在"游玩"。因为对他而言，从事自己喜欢的研究就是游戏。

美国内华达州的一所中学曾经在入学考试时出过这样一道题目：比尔·盖茨的办公桌上有五只带锁的抽屉，里面分别装着财富、兴趣、幸福、荣誉、成功。比尔·盖茨总是只带一把钥匙，而把其他的四把锁在抽屉里，请问他每次只带哪一把钥匙？其他的四把锁在哪一只或哪几只抽屉里面？有一位聪明的同学在美国麦迪逊中学的网页上面看到了比尔·盖茨给该校的回信，信上写着这样一句话："在你最感兴趣的事物上，隐藏着你人生的秘密。"无疑，这便是问题的正确答案。

那些有益于身心健康的业余爱好丰富了个人的日常生活，充实了个人的内心世界。而如果一个人能将自己的兴趣爱好和职业联系起来，那么他就更能够经营出丰富多彩、幸福欢乐的人生。

积极行动起来吧！找一项自己感兴趣的事，投入你万分之十的力量，致力于你所动心的某项爱好，这样你的生活就不会再感到乏味，你的身心就不再感到疲惫。

每天早晨一睁开眼，你就会感觉又是一次新的诞生，因为你的爱好里有许许多多的迷恋正等待着你，热切地等待着你给它们注入更多的爱。

用静思抚慰自己

人人都说人生苦短，人人都希望生活充满色彩，人人都追求幸福的生活，人人都渴望有一段美丽精彩的人生，那就别让生活枯燥，别让心灵寂寞。

英国浪漫主义诗人拜伦曾说，不幸之人最大的痛苦有三：对倦人的空虚的依恋；心灵中没有绿叶的沙漠；感情尚未开发的荒地。而且据医学调查表明，越来越多的都市"白领"，特别是从事保险、IT 等竞争性较强行业的，患上了不同程度的抑郁症和焦虑症，主要表现为情绪低落，悲观失落；终日不明原因地惊慌暴躁。

也许因为人类早在原始社会就习惯了群居生活，所以现代社会人们才害怕孤独，孤独才成为一种病态。人们害怕自己跟他人不一样，害怕被别人排斥，害怕在不幸的时候孤立无援，害怕自己的思想得不到旁人的理解……总之是一种内心的恐慌。似乎人类的心灵越来越脆弱了。

有一部叫《中锋在黎明前死去》的电影，说的是一个著名足球中锋，他曾经带领自己的球队出色地夺得多个桂冠。后来，他被一位百万富翁看中并以高价聘用，不过不是让他去踢球，而是让他和一位物理学家和舞蹈家一起，在富翁的豪华别墅里，作为"展品"存在，以满足富翁的虚荣心和占有欲。中锋离开了球场，虽然有优厚的待遇和高级的享受，可整天的无所事事，让他生活在一种难以忍受的孤独之中，他终于在忧郁中死去。这个故事说明人具有社会性的，是社会的人，离开了社会生活与人际交往，人的性格社会被扭曲变形。这是十分可怕的。所以罗姆说："人之最根本的需要是克服分离，挣脱其孤独的牢狱。"

一位心理学家认为，真正的孤独，往往产生于那些与外界没有任何情感和思想交流的人。事实上，不管你身处何地，只要你对周围的一切缺乏了解，与身外的世界无法沟通，你就不得不饮下孤独酿成的苦酒。

人人都说人生苦短，人人都希望生活充满色彩，人人都追求幸福的生活，人人都渴望有一段美丽精彩的人生，那就别让生活枯燥，别让心灵寂寞。

战胜心灵寂寞最好的方法是成熟一点，接受它，面对现实。但若然你真的是到了寂寞难耐的地步，不知如何是好，但又不太习惯与别人诉说，不妨考虑找点事做。

喜欢做什么便做什么，按你的心意而行，有助你驱除寂寞。当你全情投入在自己最喜欢的事情上，自然能忘掉一切，再没有多余的空间让你自叹寂寞无奈。缓步跑、写作、做小手工、甚至弹琴等；最紧要是你所钟爱的玩意儿。

认识几个志趣相投的朋友，而将你的喜恶、感情与人"分享"。

大自然被誉为人类心灵深处的归宿，在大自然的怀抱里，可以使心灵平静安稳、和谐快乐。闲时在公园散步、缓步跑或踏单车，可驱走所有闷气；重新注入新的生命力量。

工作不要过量。朝九晚五的八个小时，可能仍不足，加班就会增加你繁重的工作，但切忌过量，凡事适可而止，过分的工作量只会加重你的孤寂感。因而不少人只终日埋头工作，久而久之，减少与他人相处的时间，只会加重个人的孤寂感。工作并不是逃避的良方，更佳的其他途径有：看话剧、听音乐会、与友共聚，积极面对孤寂吧！

如果你的居所邻近父母、兄弟姐妹或熟亲戚的家时，切记要把握机会，时常往访。因为毕竟你们有着相同的背景、历史和相同的血脉，家人每每都会站在你的一边，支持着你。

世界上需要你伸出同情之手的人数以万计，除了金钱上的资助，他们的心灵同样需要别人的关怀。选择适合自己的时间计划，参加各类的义工服务，这有助于你不再过分执着寂寞的烦恼。

战胜孤独，首先要走出自我封闭的圈子，敞开心扉，多与别人交流，增进感情。当你感觉孤独的时候，不妨打开通讯录，给远在他乡的亲人或朋友打个电话或写封信，诉说你的孤独与忧愁。你也可以约几个要好的朋友一起迈步于林荫道中，向他讲述你的无奈。

孤独是一杯苦酒，是一封被病毒感染的电子邮件，时间越长毒害你的心灵越深。朋友，拿起你的杀毒软件勇敢地杀灭它吧，只有走出孤独，你才能真正体会到生命之旅的快乐。

用音乐舒缓自己

　　音乐是天使的语言，它最容易触动我们的心灵，带给我们至美的享受。

　　音乐是心灵的伴侣。美妙的音乐，带给人们的是美的享受，情的陶冶，心的传递。

　　听音乐的时候，可以让人忘记一切。忘记痛苦，忘记挫折，忘记寂寞，忘记悲伤。忧郁的时候，不妨在音乐中寻找乐趣；失意的时候，不妨在音乐中寻找自强；彷徨的时候，不妨在音乐中寻找真诚；迷惘的时候，不妨在音乐中寻找友爱。音乐，可以打开我们闭塞的心灵，获得生命的永恒。

　　音乐是心灵的伴侣，欣赏音乐不仅可以简单地缓释情绪，纯净心灵，还可以成为心理治疗中音乐疗法的有效工具。

　　大量的科学实验证明，人们在听音乐的时候，生理会发生很多变化，例如，肌肉电位(紧张度)下降，去甲肾上腺素含量增加(导致身体放松)，内啡肽物质含量增加(产生愉悦和欢欣感)等。音乐精神减压是音乐治疗的方法之一，是在音乐的生理功能的基础上，融合心理学中的肌肉渐进放松训练技术、催眠以及自由联想技术，帮助人们达到生理和心理的深度放松。

　　1975年，美国音乐界的知名人士凯金太尔夫人因乳腺癌缠身，身体状况每况愈下，濒临死亡的边缘。这时候，金太尔夫人的父亲不顾年迈体弱，天天坚持用钢琴为爱女弹奏乐曲。或许是充满爱心的旋律感动了上苍。两年之后奇迹出现了，金太尔夫人胜利地战胜了乳腺癌。重新康复后，她热情似火地投身于音乐疗法的活动，出任美国某癌症治疗中心音乐治疗队主任。金太尔夫人弹奏吉他，自谱、自奏、自唱，引吭高歌，帮助癌症病人振奋精神，与绝症进行顽强的拼搏。

　　德国科学家马泰松致力于音乐疗法几十年，在对爱好音乐的家庭进行调查后注意到，常常聆听舒缓音乐的家庭成员，大都举止文雅，性情温柔；与低沉古典音乐特别有缘的家庭成员，相互之间能够做到和睦谦让，彬彬有礼；对浪漫音乐特别钟情的家庭成员，性格表现为思想活跃，热情开朗。他由此得出结论说："旋律具有主要的意义，并且是音乐完美的最高峰。音乐之所以能给人以艺术的享受，并有益于健康，正是因为音乐有动人的旋律。

音乐是心灵的伴侣，是心事最时尚最浪漫的表达，也是抚慰心灵的和煦之风。音乐能刺激你的感官，激发联想，还能使心灵得到满足，身体得到放松，并且可以抚慰重压力下积累起来的紧张情绪，让人精神振奋、欢欣、轻松自如。

音乐的魅力是无穷无尽的，如《高山流水》的气势磅礴、《梅花三弄》的婉转缠绵、《二泉映月》的哀婉动人、《梁祝》的凄美断肠……不一样的时刻，不同的心事和心情，独上西楼，望断天涯，寂寞无处遣的时候，或许，音乐是最好的寄托，依水而立，一曲诉尽无限心事。

工作的张力，待人的态度，接物的分寸，处事的节奏，所有这一切都有一种乐感。喧闹嘈杂混乱的，自然难以容忍，唯有那些美妙得让人如沐春风，让人心灵净化的天籁之音，才能与风格合拍，成为生活中不可或缺的重要内容。

只要你能领悟其中的内涵，只要你有愉悦欣赏的感受，就足够了，因为真正的音乐其实就在你的心里，一旦焕发出来，你的身心自然会情不自禁地随音乐而舞。

其实，你不用刻意去讲究什么欣赏的品位与方式，音乐是非常私人、非常情绪化的东西，只要你自己觉得好听就可以了。

如果能什么都不做，就让自己很单纯地享受音乐，这样更能滋润身心，带来更深层的抚慰。

试试看每天早晨闭上眼睛静静听上 15 分钟的音乐，再开始一天的工作，相信你今天的心情一定会比较愉快。听音乐时，让思绪自由地流动，你可以准备一本笔记，随时写下心中的想法。有时心中盘旋已久的问题，随着音乐，便会从心中流出答案。重要的是，不要太刻意想要有什么效果，在静静听音乐的 15 分钟里，先抛开一切利害得失。睁开眼睛，你会有惊人的发现。

音乐是天使的语言，它最容易触动我们的心灵，带给我们至美的享受。音乐是高尚的艺术形式，它可以陶冶情操、交流情感，为生活增添魅力。

用运动调节自己

　　运动能带给人青春飞扬的信心，带给人义无反顾、勇往直前的胆气，因为运动以最直白、最朴素的方式展现了人的积极向上的本质，人也可以在运动中调节自己。

　　"生命在于运动"已经是一句很古老的话了，我们可以仿造出："健康在于运动""青春在于运动""美丽在于运动"……只因为运动的状态才是人生最饱满最自然的状态，它能带给人许许多多生命中不可缺少的流光溢彩，带给人许许多多生命里最重要的体验。

　　素有"运动少女"之称的孟雪莹刚开始一直怕运动。雪莹怕跑不快，怕下水，怕铅球扔在脚前，把小山羊看作大老虎，所以雪莹成绩优秀内心却羞怯无比，跟人说话容易脸红，对一切陌生事物心怀恐惧。在雪莹念大学之后，她心中常有种种目标，却常感体力不支，要靠比别人更多的睡眠时间来恢复精神。雪莹羡慕那些从小就有运动素质的人，邓亚萍、郎平她们在运动场上奋力拼搏的情景让她激动不已。她羡慕她们有浑身用不完的精力。自从雪莹开始锻炼后，慢慢地她脱胎换骨了，她变成了一个1.70米的高个子的苗条少女，她擦着因运动而流下的汗水，自豪而又自信，脸上有光彩照人的健康无比的红润，像一朵盛开的鲜花一样。

　　冬天每天清晨去操场或马路慢跑，呼吸新鲜芬芳的空气，一整天都感到精神抖擞。夏天每天去游泳，水为我们塑造最好的身材。坚持练投篮、练翻滚、练乒乓球，头脑因此而灵活机敏，目光因此而炯炯有神。总之，运动不仅能给人一个好身材，还能赋予人自信、勇气与毅力。退役的运动员干什么都很成功，李宁做服装、郭跃华开餐馆做运动鞋。这不是什么神话，而是定律、常规，因为只有拥有不竭的体力才有不竭的能量。

　　令人遗憾的是，在清晨的马路边上、公园里，我们经常可以见到许多中老年人锻炼身体的场景，却鲜见年轻人的踪影，他们甚至振振有词地说什么早上不锻炼身体，睡懒觉是一个人聪明的表现。其实恰恰相反，美国一位博士的最新研究表明，一个经常参加体育锻炼的人，其智商也比较高。

生命在于运动。一天 24 小时，我们要分配给工作、朋友、家人、娱乐、睡眠等，不过，我们一定要记得留点时间给运动。

别再犹豫了，快快行动起来，加入健康运动的行列中来，享受青春飞扬的自信吧！

第五章 改变心情，多爱自己一点点

用休闲解放自己

要想突破现况，有更杰出的表现，就不应该把生活都局限在工作里。因为在休闲中，可以让我们暂时抛开工作上的问题，让心灵得以解放，而且保持思维常新，更富创造力。

我们每天总有干不完的事。但是，你有没有仔细想过，如果天天为工作疲于奔命，最终这些让我们焦头烂额的事情也会超过我们所能承受的极限。尤其是当今社会，生活节奏不断加快，"时间"似乎对每个人都不再留情面。于是，超负荷的工作给人造成不可避免的疾患。

这时，需要我们换一种心情，轻松一下，学会放下工作，试着做一些其他的运动，以偷得片刻休闲，消去心中烦闷。记得有一位网球运动员，每次比赛前别人都去好好睡一觉，然后去练球，他却一个人去打篮球。有人问他，为什么你不练网球？他说，打篮球我没有丝毫压力，觉得十分愉快。对于他来说，换一种心态，换一种运动方式，就是最好的休闲。

你每天行色匆匆，为了生存、为了生活而奔波劳碌，你说根本没有时间。当今社会形势瞬息万变，随着生活节奏的加快，争时间、抢速度已成为市场经济这个大环境中的普遍现象。

据有关统计，在美国，有一半成年人的死因与压力有关；企业每年因压力遭受的损失达 1500 亿美元——员工缺勤及工作心不在焉而导致的效率低下。

在挪威，每年用于职业病治疗的费用达国内生产总值的 10%。

在英国，每年由于压力造成 8 亿个劳动日的损失，企业中 6‰的缺勤是由与压力相关的不适引起的。

其实，我们都有时间，并且可以试着改变自己。当你下班赶着回家做家务时，你不妨提前一站下车，花半小时，慢慢步行，到公园里走走。或者什么都不做，什么也不想，就是看看身边的景色，放松一下自己的心情，肯定会有意想不到的效果。

在一个美丽的海滩上，有一位不知从哪里来的老翁，每天坐在固定的一块礁石上垂钓。无论运气怎么样，钓多钓少，两小时的时间一到，便收起钓具，扬长而去。

老人的古怪行动引起了商人的好奇。

商人忍不住问："当你运气好的时候，为什么不一鼓作气钓上一天？这样一来，就可以满载而归了！"

"钓更多的鱼用来干什么？"老者平淡地反问。

"可以卖钱呀！"商人觉得老者傻得可爱。

"得了钱用来干什么？"老者仍平淡地问。

"你可以买一张网，捕更多的鱼，卖更多的钱。"商人迫不及待地说。

"卖更多的钱来干什么？"老者还是那副无所谓的神态。

"买一条渔船，出海去，捕更多的鱼，再赚更多的钱。"商人认为有必要给老者订一个规划。

"赚了钱再干什么？"老者仍显出那副无所谓的样子。

"组织一支船队，赚更多的钱。"商人心里直笑老者的愚钝不化。

"赚了更多的钱再干什么？"老者已准备收竿了。

"开一家远洋公司，不光捕鱼，而且运货，浩浩荡荡地出入世界各大港口，赚更多的钱。"商人眉飞色舞地描述道。

"赚了更多的钱还干什么？"老者的口吻已经明显地带着嘲弄的意味。

商人被这位老者激怒了，没想到自己反倒成了被问者。"你不赚钱又干什么？"

老人笑了："我每天钓上两小时的鱼，其余的时间嘛，我可以看看朝霞，欣赏落日，种种花草蔬菜，会会亲戚朋友，优哉游哉，更多的钱于我何用？"说话间，已打点行装走了。

老者以一种休闲的心态在海滩上垂钓，观朝霞，赏日落，这是多么令人神往的人生境界啊！喧嚣的都市，繁忙的工作，到底能给我们带来些什么呢？

当然，我们不可能做到像那位老者那样做到完全的休闲，因为我们有太多的事情，太多的目标要去实现，但是，在承担来自各方面的压力的同时，我们偶尔是否也应该抽些时间，去放松一下自己，释放一下自己的压力，做到张弛有度不是更好吗？

心理学家说，摆脱眼前的一切，挣脱例行公事的羁绊，能使你远离旧有的困境，带给你新的希望，让你的心理产生正面的前瞻，甚至让熄灭的热情重新点燃，也会让你对自己的认识更深一层。于是，等你返家的时候，你会变得更快乐一些，更健康一些，应对压力时也更有效率一些。美国心理学家希柯斯博士说："你去度假的时候，就逃离了日常生活的单调性。把烦恼抛在脑后。即使你所做的，只是坐在河边、看着溪水流动而已，但这还是一种极为可贵的步调变化，能让你重新充电。于是，等你回去的时候便会觉得精神更为饱满，有活力。"

休闲是生命本身的一种自然状态。休闲无法刻意去创造，而要靠心去感受。工作之余，偕三五知己一起去公园散步，有的人可以忘情无极，优哉游哉，不知身躯和灵魂之所在，不知不觉地坠入了休闲的境界；而有些人虽然一心想休闲起来，但几点几分还有什么事情要处理的念头会不时冒出来，挥之不去，他是无论如何也休闲不起来的。

休闲也是一种人文品位。醉中舞剑，隔窗读雨，无不是情趣欣然。但休闲更是一种生态品位。茶余饭后，老农躺在院坪的竹椅上，"吧吧"地吸着烟，什么也不想，什么也不做，任微笑照亮满脸铜釉般的慈祥；信步由足，樵夫和着扁担的节奏，自由散漫地唱着古老的情歌，你能说这不是休闲？

会休闲的人其实往往都是很出色的人，不仅仅是工作上，更重要的是他们的生活愉快度和幸福感会更出色，因此，心累了，我们为什么不学会休闲呢？让心灵在休闲中得以解放吧！

用书籍陶冶自己

读书是一种心灵的活动。书可以改变一个人的气质，也可以培养一个完人。

英国著名的唯物主义思想家培根说："读书足以怡情……读史使人明智，读诗使人灵秀，数学使人周密，科学使人深刻，伦理学使人庄重，逻辑修辞学使人善辩；凡有所学，皆成性格。"

书能影响人的心灵，而人的心灵和人的气质又是相通的。

书能教你为人宽厚，心地善良，使你生出纯真、热情的气质。

书能教你谦虚谨慎，持重内向，使你生出成熟、稳健的气质。

书能教你自强不息，不畏艰难，使你生出刚毅、坚定的气质。

书能教你勤于思考，勇于创新，使你生出深沉、进取的气质。

书，是人类文化遗产的结晶，是人类智慧的仓库。英国学者培根说过："读书足以怡情，足以博彩，足以长才。怡情也，最见独处幽居之时，其博彩也，最见于高谈阔论之中；其长才也，最见于处世判事之际。"于是，世人甚爱读书。

读书的妙用：

1. 增加知识

培根曾经说过："读史使人明智，读诗使人灵秀，数学使人严密，科学使人深刻，伦理学使人庄重，逻辑修辞学使人善辩；凡有学者，皆成性格。"读书，便能读懂历史，明了世界，于是古人语："两耳不闻窗外事，一心只读圣贤书；秀才不出门，却知天下事。"

2. 陶冶情操

古人曰，"腹有诗书气自华"。知识真正成为心灵的一部分，可以显现出内在的涵养。

3. 调整心情

不同的书，看的时间与心情有所不同。吃饭的时候，适合看杂志；白天能挤出时间的时候，适合看小说；晚上独自一个人的时候，适合看散文、诗和词。喜欢读书，就等于把生活中寂寞的辰光换成巨大的享受时刻。

在忙碌而焦躁的生活里，在寂寞的风雨的夜里，书籍可以给我们的心灵以温暖和充实。当你遇到烦恼、忧愁和不快的事时，应首先学会自我解脱，去读一读或翻一翻你喜欢的书籍和杂志，分散心思，改变心态，冷静情绪，减少精神痛苦。

4. 寻找高尚的朋友和指引

书可以成为一个忠实的朋友、一个良好的导师、一个可爱的伴侣和一个优婉的安慰者。雨果曾经说过："各种蠢事，在每天阅读好书的情况下，仿佛烤在火上一样，渐渐熔化。"

心灵是智慧之根，要用知识去浇灌。只有这样，才能在生活中运筹帷幄之中，决胜千里之外，能有指挥若定的挥挥洒洒。如范仲淹"胸中自有十万甲兵"，如诸葛孔明悠然抚琴退强兵。

合理饮食保健自己

面对家庭和工作的双重压力，如果再不呵护自己，合理饮食，那就难以保住青春与阳光了。未来生活的质量取决于我们现在对待身体的方式。因此，从现在开始，真正尊重自己的身体，善待自己的身体，给它以细致的关爱与呵护。

身处快节奏的现代社会，很多职业人士背负着沉重的心理压力，常常在马不停蹄的生活与工作中迷失自己，无暇顾及饮食营养的补充，导致营养缺乏，身体失调。

因此，从现在开始，我们要真正尊重并善待自己的身体。

我们知道，健康的身体需要有良好的饮食习惯、充足的睡眠和规律的运动等来培植，可是有谁真正用心去实施这些世人皆知的定律了呢？

从现在开始，我们应该养成呵护健康的良好习惯，注重这些看起来不足挂齿却有可能影响你一生健康与美丽的细节。那么，我们在日常饮食方面需要注意些什么呢？

首先要注意减少脂肪的摄入。一般来说，要控制总热量的摄入，减少脂肪摄入量，少吃油炸食品，以防超重和肥胖。脂肪的摄入量标准应占总热能的 20%～25%。如果脂肪摄入过多，容易导致活动耐力降低，影响工作效率。

维生素摄入要充足。维生素本身并不产生热能，但它们是维持生理功能的重要营养成分，特是与脑和神经代谢有关的维生素，如维生素 B_1、维生素 B_6 等。这些维生素在糙米、麦中含量较丰富，因此日常膳食中粮食不宜太精。另外，抗氧化营养素，如胡萝卜素、维生素 C、维生素 E，有利于提高工作效率，各种新鲜蔬菜和水果中其含量尤为丰富。白领女性工作繁忙，饮食中的维生素营养常被忽略，不妨用一些维生素补充剂来保证维生素的均衡水平。

注意补充氨基酸。职业人士的工作特点是用脑，因此营养脑神经的氨基酸供给要充足。脑组织中的游离氨基酸含量以谷氨酸为最高，其次是天门冬氨酸等。豆类、芝麻等含谷氨酸及天门冬氨酸较丰富，应适当多吃。

注意均衡营养。脑和肌体的正常活动在很大程度上取决于摄入食物的质量。营养不平衡可能成为职业人士某些疾病的诱因，对大脑的活动能力产生不良的影响。因此，应注意营养和膳食平衡，戒除烟、酒等不良嗜好，加强体育锻炼，使自己有充沛的精力和健康的身体胜任工作，更好地享受生活。

另外，在不同的年龄阶段需要补充不同种类的营养。在不同的年龄加强特定的营养，能起到增加能量、提高生育质量、增强免疫力、缓解更年期症状等不同功效。所以，为了保持身体健康，你应该根据你的营养目标来调节饮食。

把握机会成就自己

生活中有多少机遇从我们身边走过我们却视而不见？居里夫人说："弱者坐待时机；强者制造时机。"

每个人生活中的每时每刻都充满了机会。你在学校里的每一堂课是一次改造思想机会；每一次考试是一次检验自我的机会；每一篇发表在报纸上的报道是一次自我完善的机会；每一次商业买卖是一次走向成功的机会；每一次人际交往是一次展示你的优雅与礼貌、果断与勇气的机会，也是一次表现你诚实品质的机会，同时也是一次结交朋友的机会。

物竟天择，适者生存。你要利用一切机会，充分施展自己的才华，那么这个机会所能给予的东西要远远大于它本身。

有智慧眼光的人能够从琐碎的小事中发掘出机会，而目光狭窄的人却轻易地让机会像时间一样从眼前飞走了。有的人在其有生之年处处都在寻找机会。他们就像千里马找伯乐一样，寻找一个展示自我，提升自我的平台。对于有心成功的人而言，每一个他们遇到的人，每一天生活的场景，都是一个机会，都会在他们的知识宝库里增添一些有用的知识，都会给他们的个人能力注入新鲜的血液成分。

伟大的成功和不俗的业绩，也永远属于那些有准备的人们，而不是那些一味等待机会的人们。年轻人更应牢记，良好的机会完全要由自己创造。如果以为个人发展的机会在别的地方，是别的什么因素，那么你一定会在机会面前碰得鼻青脸肿，面目全非。机会其实包含在你良好的素养、学识的积累、进取的身影之中。

失败的人喜欢说，自己之所以失败是因为天时不时，地利不利，人和不和，因此好位置就只好让别人捷足先登，等不到他们去竞争；而有意志的人决不会找这样的借口，他们不是在等待机会。而是靠自己苦干努力去创造机会。他们深知，唯有自己才能给自己创造机会。而一旦有了机会，他们决不放弃磨炼自己、完善自己的阶梯。正是顺着这些阶梯，他们才一步步走向理想之巅。

其实，成功是没有秘诀的，要有的话那就是立即行动起来。天上是不会掉馅饼的。要掉的话，只有陨石。你只有行动起来，才会发现异样的景色，才会发现原来的景色是那样单调与乏味，也才会发现更五彩斑斓的地方其实并不遥远。

许多人做事都比较缜密，一件事非等筹划到自己认为万无一失，才开始行动，刚刚踏入社会的年轻人尤其是这样。其实，人算不如天算，所谓的周密计划往往会使你坐失良机。

其实，不管是生活中还是工作中的目标，并非都是"生死攸关"的。而事实上，又有多少事坏于拖拉迟疑。许多人一开始行动，步子尚未迈出，就想到消极的一面，想到失败，这种恐惧心理削弱了她们的自信，限制了她们的潜能，束缚了他们的手脚，使他们遇事不敢轻举妄动，从而失去机会，流于平庸。

有这样一则寓言，老鹰苦口婆心地教小鹰飞行的技巧。可一遍又一遍的解说效果却不尽如人意，小鹰总有这样那样的问题："我是先扑左翅呢，还是右翅？平衡到底怎样做到？"老鹰顿了顿，说："先行动起来吧！"

刚踏入社会的人一定经常会说"这样贸然行事，无法达到最好。"其实，人根本无法达到最好，但通过实际行动就可以做到更好。只有行动，才会发现自己的不足，积累弥补不足的经验，也只有行动才能使人进步。因此，最踏实的做法就是大胆向前，想做什么就去做，继而去实现自己所向往的目标，完善自我或完善生活的目标。只要向着你的目标大胆地行动起来，生活就会走上正轨并使自己创造奇迹。

当然，在行动中去学习，付学费也就不可避免。就像你走路，你总不能怕摔跤而不去学习走路。为此，每个成功人士都敢于尝试、敢于冒险、敢于做前人未做的事。其实，尝试、错误，尝试、错误……再尝试直至成功，这正是学习和进步的唯一途径。

行动起来，就有了希望，成功没有捷径。只有在行动中尝试，改变，再尝试……才会达到成功。有的女人成功了，只因为她比我们行动得更早、犯的错误更多、遭受的失败更多。"没有行动的地方，就绝对没有成功。"停止行动之日，便是完全失败之时。

赶快行动起来吧！行动起来，把握每一个稍纵即逝的机会，人生的成功便由此而筑就。

在山水中放逐自己

不在城市中挣扎，就无法体验达尔文进化论的真实与残酷；不在山水中放逐，就无法体味陶氏采菊东篱的怡然与自得；这也许就是所谓的生活多元化吧，任何一种尝试都是上天最真实的馈赠。

许多时候，我们被名缰利锁困扰着，虚无，瑕疵，欲望，无处不在地蚕食着我们的生活空间，使得我们失去了许多本真的东西。本真的东西也是美好的东西。我们游山玩水，在山水中寻找释然与超脱，在山水中放逐自己，在山水中保鲜内心深处属于本真的那份情愫。

远离钢筋混凝土的城市，抽时间与自然进行交流。下决心独自一人在山上、海边或宁静的湖畔待上一整天，远离现代文明和舒适的度假地、宾馆和餐馆。你什么也不需要做，只需待在那儿，感觉这个地方是你自己的栖息地和家。坐下来，或悠闲地散步，全身心地接受你所看、所嗅、所感和所听到的东西。你会意识到你正在开始体验自己是其中一部分的宇宙的宁静、智慧和秩序。看看天空，想一想你可能看不到但却知道它们存在的星星和所有其他星球。像它们一样，你在这个广阔的宇宙中有自己的位置。你开始有一种将此处当作家的归属感，要有耐心。你的内心可能会发出微弱的声音，抱怨这样做是没有用的，是在浪费宝贵的时间，是幼稚、愚蠢的，也可能会说你目前有许多重要的事情要做，不能这样什么也不做。但是仍要好好四处游逛，观察自然，好像你不知道自然是怎么回事似的。不管你内心发出什么声音，要迫使自己完成这个经历。如果你发现这是令人不快的，就坦然承认。你很可能会从中学习很多东西。

有时也不需要专门花钱精心策划整个旅游时间。找个周六周日的时间，骑着车子，与几个好友或妻子儿女一块到外面去玩。沿路有花，有草，那该有多美！一路上，可以唱歌，说说笑话，打打闹闹，将不愉快的事情和压力完全抛在脑后。相信你一定会得到无与伦比的乐趣。

第五章 改变心情，多爱自己一点点

在忙碌中不忘释放自己

为了更好地工作，为了美好的生活，我们一定要学会忙里偷闲，有时休息比工作更有效。

现代人兴忙，满世界就听到一个忙字。大人们忙赚钱，小孩儿也同样身不得闲，就连离退休的爷爷奶奶辈也忙于发挥余热，或养身保健或吟诗作画。总之是祖国上下一片忙。

"革命尚未成功，同志仍须努力"，社会要发展，人类要进步，忙是自然要忙的。然而这绝不是人生的全部。人生不仅需要工作，也需要休息，不仅需要忙碌，也需要休闲。我们不能无休止地忙，人生如果没有休闲，就像一幅国画挤满了山水而不留一点空隙，缺乏美感。人生没有悠闲，就不能领悟、体味、享受人生。所以忙碌中要学会偷闲。

泰戈尔在《飞鸟集》中写道："休息之隶属于工作，正如眼睑之隶属于眼睛。"不会休息的人就不会工作，只有休息好了，才能更好地工作，才会有更好的生活。如果一味地、盲目地去忙，连革命的本钱都搞垮了，那人生也就没有忙的意义了。我们崇拜陈景润，但我们不赞成他那种不顾一切，废寝忘食，以致英年早逝的生存哲学。

人生就像登山，不是为了登山而登山，而着重在于攀登中的观赏、感受与互动，如果忽略了沿途风光，也就体会不到其中的乐趣。人们最美的理想、最大的希望便是过上幸福生活，而幸福生活是一个过程，不是忙碌一生后才能到达的一个顶点。

古人云："一张一弛，乃文武之道。"人生也应该有张有弛，也应该忙中有闲。人生就像条弦，太松了，弹不出优美的乐曲，太紧了，容易断，只有松紧合适，才能奏出舒缓优雅的乐章。

俗话说："磨刀不误砍柴工。"悠闲与工作并不矛盾。处理好两者的关系，最重要的是能拿得起，放得下。工作时就全身心投入，高效运转。

放松时就放松，把工作完全放在一边，不要总是牵肠挂肚，去钓鱼、去登山、去观海，想干啥就干啥。

其次就是工作休闲应该搭配得当，不能忙时累个半死，闲时又闲得让人受不了。可以隔三差五地安排一个小节目，比如雨中散步、周末郊游、鸳鸯共浴等。适时的忙里偷闲，可以让人适时从烦躁、疲惫中及时摆脱，为了更好地工作而积蓄精力。

第五章 改变心情，多爱自己一点点

真心真意地热爱自己

只有首先学会热爱自己，你才会真正懂得爱这个世界。

热爱自己是人生的起点。你就一定要学会爱自己，精心经营自己，储藏自己的精力，关爱自己的健康，呵护自己的心灵，使自己无论何时何地，遇到何事何物都能淡定从容。

热爱自己，是源于对生命本身的崇尚和珍重，他可以让我们的生命更为丰满、更为健全，让我们的灵魂更为自由、更为豁达，让我们成为自己精神家园的主人！

随着年龄的渐长，你就会明了生命中最重要的一条法则：在自信、自强之前，先要自爱。在爱别人之前应先学会爱自己，学会尊重自己，学会尊重感情！

热爱自己，有太多的理由，也有太多的方式，可惜没有一个课本列出详细的课程来教人如何爱自己。每当看到那些因爱而伤痕累累的故事时，一种痛惜的心情不禁油然而生。人应该学好这样一课：在爱别人之前，要先学会爱自己，学会怎样保护自己，怎样让自己活得精彩，不成为别人生活的附庸。

"我很不快乐。"一位年轻人的声音。"为什么呢？""我总觉得自己不如别人，做事总做得不够好。""你能说说是哪些事吗？""比如这星期有门课程的论文我写了，但担心自己写得不好。老师要求课堂上进行答辩，我非常紧张，觉得自己答得一团糟，但是，班上的同学却觉得我回答得还挺不错，虽然这样，但我仍觉得很沮丧。"

生活中，跟这个人一样，因对自己不满而陷入痛苦的现象太常见了。每每这时，我们就应该好好反思这样一个问题：我们懂得爱自己吗？

26岁的年轻护士汪美琪失恋后变成一个泄了气的皮球。她说，我是一只折断翅膀的丑小鸭，整个世界都把我抛弃了。可是，她忘了，这个失恋的汪美琪是天下独一无二的汪美琪。如果她学会喜欢自己，爱自己，她就不这么傻了。

你应该这样告诉自己：若没有我，我的自我将变成一纸空文；若没有我，我的生命将戛然而止；若没有我，我的世界将变成一片废墟。尽管在整个宇宙我不过是沧海一粟，但对于我自己，我是我的全部。为此我首先珍重自己，才能得到别人的珍重；我必须善待自己，真心真意地关爱自己，才对得起造物主的恩赐。

美丽的汪美琪终于学会了自省，晚上躺在床上对自己说，我这是怎么了？为什么要这样虐待自己？从前处事干练的我哪里去了，为什么自己就不能走出这段伤情呢？仔细想想，我没有什么不对。是他不对，是他玩弄了我的感情。应该难过的是他而不是我。那我究竟是为了什么呢？经过几夜的反省，汪美琪终于找到了问题的症结：自尊，狭隘的自尊。原来，从小众星捧月的她从未受过别人的冷漠，她的痛苦归根结底不是为了失去的那个男人而是为了自己狭隘的自尊。于是她对自己说，现在我明白了，那样的自尊不能要，它不过是虚荣的幻影，一个坚实的自尊来自于真正的自爱。我爱自己，还有什么可以自惭形秽的呢。就这样，否定了自己的虚荣，汪美琪不再痛苦了，她很快走出了失恋的伤情，坦然地接受了成熟的庆典。

我们仔细想想，一个不懂得爱自己的人，会真正懂得去爱他人、爱这个世界吗？

回顾一下我们所受到的教育：从我们儿时起，家庭、学校的教育要求我们学会爱祖国、爱党、爱人民、爱父母、爱同学、爱朋友……我们逐渐知道，作为一个社会的人，应该学会爱这个世界，甚至包括面对敌人时，也应该努力用宽厚的爱去感化那冷漠仇恨的心。但我们就是遗漏了那个最重要的角色——我们自己。

假如，在人生的早期没有人教我们这一课，那么，我们现在就要及时为自己补上这一课：学会爱我们自己。

英国作家毛姆说，自尊、自爱是一种美德，是促使一个人不断向上发展的一种原动力。痛苦与磨难是生命必经的历程，你只能靠你自己；最孤独的时候不会有谁来陪伴你，最伤心的时候也没有人来呵护你，只有你自己；经历着一些必经的经历，只有靠自己；跨越一些生命中必然要遇到的难题和障碍，也只有你自己。

125

只有首先学会热爱自己，你才会真正懂得爱这个世界。

学会热爱自己，不是让我们自我姑息、自我放纵，而是让我们学会勤于律己和矫正自己。我们拥有的关怀和爱抚随时都有失去的可能，我们必须学会为自己修枝剪叶、浇水施肥，使自己不会沉沦为一棵枯荣随风的草。

学会热爱自己，是让我们在寂寞难耐、孤独无助、困苦无援的时候，在必须独自穿行凄风苦雨的长巷的时候，在没有人与我们共同承担人生磨难的时候，学会自己给自己一个坚定的笑容，自己给自己送一朵娇艳的花，自己给自己一颗柔韧的心灵。

学会热爱自己，就是要让自己时刻保持对自我的充分信任，用时不待我的激情去挑战生活，挑战未来。

第六章　积极乐观，别让忧郁打败你

　　快乐是一种心情，宽容是一种仁爱的光芒，智慧是一种达到人生快乐的方法。只要向着阳光，阴影留在你背后，人生没有过不去的坎。最优秀的人就是你自己，让乐观主宰你一生，高兴些，别忧郁，做个开心的人！

让乐观与微笑主宰自己

乐观是一个指南针，让你驶向成功的彼岸，阔步前进；乐观是一剂良药，可以医治苦难的伤痛。为了美好的人生，请让乐观主宰你自己！

人生如同一只在大海中航行的帆船，掌握帆船航向与命运的舵手便是自己，有的帆船能够乘风破浪，有的却折戟沉沙，会有如此大的差别，不在别的，而是因为舵手对待生活的态度不同。前者被乐观主宰，即使在浪尖上也不忘微笑；后者是悲观的信徒，即使起一点风也会让他们心惊胆战，让他们祈祷好几天。一个人或是面对生活闲庭信步，抑或是消极被动地忍受人生的凄风苦雨，都取决于对待生活的态度。态度决定命运，态度决定人生。

生活如同一面镜子，你对它笑，它就对你笑；你对它哭，它也以哭脸相示。持有什么样的心态，也就决定拥有什么样的人生结局。

悲观主义者说："人活着，就有问题，就要受苦；有了问题，就有可能陷入不幸。"即使一点点的挫折，他们也会千种愁绪，万般痛苦，认为自己是天下最苦命的人。一如英国哲学家罗素所形容的"不幸的人总自傲着自己是不幸的"。悲观主义者用不幸、痛苦、悲伤做成一间屋子，然后请自己钻了进去，并大声对外界喊着："我是最不幸的人。"因为自感不幸，他们内心便失去了宁静，于是不平、羡慕、嫉妒、虚荣、自卑等悲观消极的情绪应运而生。是他们自己抛弃了快乐与幸福，是他们自己一叶障目，视快乐与幸福而不见。

乐观主义者说："人活着，就有希望；有了希望就能获得幸福。"他们能于平淡无奇的生活中品尝到甘甜，因而快乐如清泉，时刻滋润着他们的心田。

任何事物本身都没有快乐和痛苦之分，快乐和痛苦是我们对它的感受，是我们赋予它的特征。同一件事情，从不同角度去看待，就会有不同的感受。一个人快乐与否，不在于他处于何种境地，而在于他是否持有一颗乐观的心。

对于同一轮明月，在被泪眼蒙眬的柳永那里就是："杨柳岸，晓风残月，此去经年，应是良辰美景虚设。"而到了潇洒飘逸、意气风发的苏轼那里，便又成为："但愿人长久，千里共婵娟。"同是一轮明月，在持不同心态的不同人眼里，便是不同的，人生也是如此。

上天不会给我们快乐，也不会给我们痛苦，它只会给我们生活的作料，调出什么味道的人生，那只能在我们自己。你可以选择一个快乐的角度去看待它，也可以选择一个痛苦的角度，如同做饭一样，你可以做成苦的，也可以做成甜的。所以，你的生活是笑声不断，还是愁容满面，是披荆斩棘，勇往直前，还是畏手畏脚，停滞不前，这全不在他人，都在你自己。

朋友，乐观是一个指南针，让你驶向成功的彼岸，阔步前进；乐观是一剂良药，可以医治苦难的伤痛。为了美好的人生，请让乐观主宰你自己！

朋友，为了美好的人生，给心灵一条自由的通道吧，让乐观和微笑主宰我们的每一天。

第六章　积极乐观，别让忧郁打败你

学会赞美自己

渴望得到别人的赞美不如自己赞美自己来得容易。既然我们需要赞美，既然赞美能让我们进步，催我们奋进，那就让我们学会赞美自己吧！

每个人都会遇到各种各样的困难和不快，见难就退，还是知难而进呢？快乐也要面对，苦闷也要面对，为何不选择快乐地面对呢？记得一位哲人说过"人生的态度决定一切"，因此当不断地赞美自己时，你就已经主宰了自己的命运。生活总会有无尽的麻烦，请不要无奈，不要忧郁，因为路还在、梦还在，学会赞美自己，做一个充满乐观精神的人，打造出自己的人生辉煌来吧！

曾经在上班的路上，看见一个年轻的妈妈带着自己年幼的儿子在门口练习走路。当扶着妈妈的手时，小孩便大胆地往当迈步，可当妈妈把手拿开时，他便站在那儿不敢往前迈步。孩子的妈妈没有去扶他，而是蹲在前面不远处一个劲地说表扬他的话："宝宝真厉害，宝宝一定能走过来……"

我心想那孩子那么小，怎么懂得啥话好听，这一招肯定不管用。谁知过了一会，那小孩居然真的在妈妈的鼓励下向前迈出了小腿，晃悠悠地走了几步，然后一下子扑到母亲怀里。

"宝宝真棒。"年轻的母亲又不住地赞美着自己的儿子。孩子"咯咯"地在母亲的怀里笑着。

年轻妈妈的几句赞美的话，竟能鼓起那么小的孩子的勇气，有了妈妈的称赞与鼓励，小孩将走得越来越远，大人又何尝不是如此啊，大人又何尝不需要赞美啊？

马克吐温说："只凭一句赞美的话，我可以多活三个月。"人人都渴望得到别人的赞美，赞美是一种肯定，一种褒奖。工作中听到领导的表扬，我们干活便特别带劲；生活中听到朋友的赞美，心情舒畅好几天。

赞美就像照在人们心灵上的阳光，能给人以力量，没有阳光，我们就无法正常发育和成长。赞美能给人以信心，没有信心，人生的大船便无法驶向更远的港湾。

渴望得到别人的赞美毕竟不如自己赞美自己来得容易。既然我们需要赞美，既然赞美可以让我们更上层楼，催我们奋进，那就让我们学会赞美自己吧！当自己考了个好成绩，或是写了一篇好文章，不妨赞美自己几句，为自己喝彩，为自己叫好。不！不需要说出口，不需要任何人的分享，只要一个会心的微笑，只要心灵的一点点波动，这时你就能体会到拥有成功的喜悦，这不仅对自身的欣赏和肯定，更是对未来的追求和希望，更是用自信再次扬起人生的帆船。不！这也不是自我陶醉。在飞梭似的人生里留下一丝完全属于自己的时间，不要用手去摸，不要用眼睛去看，只要用心去感触，体味一个真实的自己，这是那一点成功就是自身价值的体现。只要那么一瞬间，你便可以看到前途的光明，看见世界的美好。

一个喜欢棒球的小男孩，生日时得到一副新的球棒。他激动万分地冲出屋子，大喊道："我是世界上最好的棒球手！"他把球高高地扔向天空，举棒击球，结果没中。他毫不犹豫地第二次拿起了球，挑战似的喊道："我是世界上最好的棒球手！"这次他打得更带劲，但又没击中，反而跌了一跤，擦破了皮。男孩第三次站了起来，再次击球。这一次准头更差，连球也丢了。他望了望球棒道："嘿，你知道吗，我是世界上最伟大的击球手！"

后来，这个男孩果然成了棒球史上罕见的神击手。是自己的赞美给了他力量，是赞美成就了小男孩的梦想。也许有一天，我们能像小男孩一样登上成功的顶峰，那时再回首今天，我们会看见通往凯旋门的大道上，除了脚印、汗水、泪水外，还有一个个驿站，那便是自己的赞美。也许有一天你会赢来无数的鲜花和掌声，但你会发现，只有自己的赞美才是最美最真实的！

人人都渴望得到别人的赞美。赞美是一种肯定，一种褒奖，工作中得到领导的表扬，我们干劲十足。生活中我们听到朋友的赞美，我们心情舒畅。赞美就像照在人们心灵的阳光能给人以力量，没有阳光，我们就无法正常发育和成长。赞美能给人以信心，没有信心，人生的大船便无法驶向更远的港湾。

渴望得到别人的赞美不如自己赞美自己来得容易。既然我们需要赞美，既然赞美能让我们进步，催我们奋进，那就让我们学会赞美自己吧！所以没事的时候，不妨自己赞美自己几句，为自己喝喝彩，为自己叫好。不需要说出口，不需要任何人的分享，只要一个会心的微笑，只要心灵的一点点波动。这时你就能体会到拥有成功的喜悦。为自己赞美，不要用眼睛去看，只要用心去感触体味一个真实的自己，成功就是自身价值的体现。只要那么一瞬间，你便可以看见世界的美好和阳光的灿烂。

也许有一天你会赢来无数的鲜花和掌声，但回首今日，在这条人生道路上，除了脚印，汗水，泪水外还有一个个驿站，也许那就是自己的赞美。你也会发现，只有自己的赞美才是最美最真实的。

幽默是生活中的调味剂

良好的幽默感是身心健康的滋补品，它能够帮助你克服焦虑和忧郁，它能够减轻你生活的重负，它能够给心灵带来安详的满足，同时它也是你游刃社交场合所能穿的最好服饰。

著名科学家爱因斯坦曾经说过："只要我们活着，我们就要保持幽默感。"生活中不能没有幽默，因为，它是生活不可或缺的调味剂。正如苏联的普里什文所说："生活中没有哲学还可以对付过去，然而没有幽默只有愚蠢的人才能生存。"

幽默是人际关系的润滑剂，是人们之间的一种纽带。利用幽默可以化解矛盾，制止不文明的行为，消除敌对情绪。幽默可以使自己免受紧张、不安、恐惧和烦恼的侵害。

幽默可以疗伤，可以降低血压，能消除内心的火气。科学家称之为"心理按摩"。

幽默是心理卫生的润滑剂，是调节心理平衡、促进心理健康的良方，能起到心理按摩作用，是一种很好的心理防御措施。幽默能解除尴尬与不安。在尴尬场合，幽默的语言可以使气氛活跃起来。英国前首相丘吉尔任国会议员时，有个向来行为嚣张的女议员，居然在议席上指着丘吉尔骂道："假如我是你老婆，一定要在你的咖啡里下毒！"此话一出，人人屏息。然而丘吉尔元顽皮地说："假如你是我老婆，我一定会一饮而尽！"结果，全场哄堂大笑。

幽默能使我们放松，解除工作疲劳，缓解生活的压力。幽默还有助于家庭和睦，活跃生活。良好的幽默感是身心健康的滋补品，它能够帮助你克服焦虑和忧郁，它能够减轻你生活的重负，它能够给心灵带来安详的满足，同时它也是你游刃社交场合所能穿的最好服饰。

幽默既然有这么多好处，我们一定学会不时幽他一默。有人认为幽默是很高深的东西，其实不然，只有细心挖掘，每个人都会有幽默感。幽默的方法很多，下面仅列举一二以示之：

正话反说。把欲表达的意思反过来说，可增添不少幽默的成分。有一次萧伯纳在街上行走，被一个冒失鬼骑车撞倒在地，幸好没有受伤，只是虚惊一场。骑车人急忙扶起他，连连道歉，可是萧伯纳却做出惋惜的样子说："你的运气不好，先生，你如果把我撞死了，你就可以名扬四海了！"

直言不讳。这种方法就是直接拿自己的某个缺点以幽默的话语主动示人。邓小平个子矮，他曾经幽默地说："天塌下来，有高个子顶着。"既坦然承认了自己的缺点，又不致让自己太尴尬。还有这样一个例子：著名画家韩羽是秃顶，他曾经写过一首《自嘲》诗："眉眼一无可取，嘴巴稀松平常，惟有脑门胆大，敢与日月争光。"让人读后不仅不会笑话他的缺点，反而称赞其乐观大度的为人处世哲学。

以柔克刚。这种方法是不直接回答对方，而是顺着对方的话语，以静制动，变被动为主动。美国前总统林肯在一次演讲时，有人递他张纸条，上面只写了两个字："笨蛋。"他举着这张纸条镇静地说："本总统收到过许多匿名信，全都是只有正文，不见署名，而刚才那位先生正好相反，他只署了自己的名字，而忘了写内容。"林肯以柔克刚，在笑声中不仅替自己解了围，也有力地回击了对方。

偷梁换柱。把另一种事物的特征以移花接木之术转换到此事物上，听后肯定让人忍俊不能。我国古代有位皇帝，因处理朝政操劳过度，精神萎靡，食不甘味，睡不安枕，噩梦连绵，头昏脑胀，胸闷气短，日渐消瘦。大臣们为其到处寻医，可试遍了各种良方，病情却毫无起色。后来请来了扁鹊，诊视完后扁鹊说："陛下得的是月经不调。"皇帝听罢哈哈大笑："荒唐，我乃男子，何来月经不调之理。"笑得他前俯后仰，眼泪都出来了。此后，每当与别人谈起此事还大笑不止，可说也怪，过了不长时间，病情居然慢慢好转起来，不久就痊愈了。

遇事不钻牛角尖

日出东海落西山，愁也一天，喜也一天；遇事不钻牛角尖，人也舒坦，心也舒坦。

人的一生中最美的是过程，生命中总有些东西无法重复，毕竟过去的不会再回来。所以珍惜现在，珍惜拥有过的，珍惜你爱过和爱过你的人，你才会更快乐。有时或许放弃你的执着，才能看到另一片美好的天地，有句老话说的好：遇事不钻牛角尖，人也坦然，心也坦然。

有一个脑筋急转弯这么说："一个人要进屋子，但那扇门怎么拉也拉不开，为什么？"回答是：因为那扇门是要推开的。

生活中我们有时会犯一些诸如只知拉门进屋，不知推门的错误。其中的原因很简单，就是我们有时遇事爱钻牛角尖，不会变通。有时候，周围的环境变了，我们却不知变通，还在固执一端，钻牛角尖，认死理，结果却闹出笑话来。

《吕氏春秋》里记载：楚国有一个人搭船过江，一不小心，身上的剑掉进了河里。同船的人都劝他下水去捞，但他却不慌不忙，从身上拿出一把小刀，在剑落水的船边刻个记号，有人问："做什么用啊？"他回答说："我的剑就是从这个地方掉下去的，我做个记号，等会儿船靠岸时，我就从这个记号的地方下水去把剑找回来。"船靠岸时，他就这样去找剑，结果自然没有找到。

刻舟求剑，是一种刻板的，不知变通的思维方式。有时候我们的思想就像那把剑，环境的大船已经变了，而我们却还在那里原地不动；有时候我们也会刻舟求剑。

俗话说："变则通，通则久。"只要我们学会变通，许多事情都能变不可能为可能，都能变坏事为好事。

两个欧洲人到非洲去推销皮鞋。由于炎热，非洲人向来都是打赤脚。第一个推销员看到非洲人都打赤脚，立刻失望起来："这些人都打赤脚，怎么会要我的鞋呢?"于是，他便沮丧而回。另一个推销员看到非洲人都赤脚，惊喜万分："这些人都没有皮鞋穿，这皮鞋市场大得很呢!"于是，他想方设法引导非洲人购买皮鞋，最后他发大财而回。

第一个人不懂变通，一味钻牛角尖，总以为牛不喝水，便不能强按头。第二个人则不然，他会变通一下，给牛点盐吃，不也就能让它喝水了嘛!

关于皮鞋的由来，据说还有这样一个典故：

早期没有鞋子穿，人们走在路上，都得忍受碎石硌脚的痛苦。某一个国家，有一个太监把国王的所有房间全铺上了牛皮，当国王踏在牛皮上时，感觉双脚非常舒服。

于是，国王下令全国各地的马路上，都必须铺上牛皮，好让国王走到哪里，都会感觉舒服。有一个大臣建议：不需要如此大费周折，只要用牛皮把国王的脚包起来，再拴上一条绳子就可以了。于是无论国王走到哪里，都感到舒服。

故事中的大臣是聪明的，他的变通，使舒服与节约两全其美。假如，我们在工作学习之余，能学会变通，随时调整自己的方向和步骤，便会有事半功倍的效果。

笑看输赢得失

人的情绪是一个定数，腾不出空间来快乐，就会腾出空间来忧伤，腾不出乐观的情绪，就会腾出悲观的情绪。

安徒生有一则名为《老头子总是不会错》的童话故事：乡村有一对清贫的老夫妇，有一天他们想把家中唯一值点钱的一匹马拉到市场上去换点更有用的东西。老头子牵着马去赶集了，他先与人换得一头母牛，又用母牛去换了一只羊，再用羊换来一只肥鹅，又把鹅换了母鸡，最后用母鸡换了别人的一口袋烂苹果。在每次交换中，他都想给老伴一个惊喜。

当他扛着大袋子来到一家小酒店歇息时，遇上两个英国人。闲聊中他谈了自己赶集的经过，两个英国人听后哈哈大笑，说他回去准得挨老婆子一顿揍。老头子坚称绝对不会，英国人就用一袋金币打赌，三个人于是一起来到老头子家中。

老太婆见老头子回来了，非常高兴，她兴奋地听着老头子讲赶集的经过。每听老头子讲到用一种东西换了另一种东西时，她都充满了对老头子的钦佩。她嘴里不时地说着："哦，我们有牛奶了！""羊奶也同样好喝。""哦，鹅毛多漂亮！""哦，我们有鸡蛋吃了！"

最后听到老头子背回一袋已经开始腐烂的苹果时，她同样不愠不恼，大声说："我们今晚就可以吃到苹果馅饼了！"

结果，英国人输掉了一袋金币。

从这个故事中我们可以领悟到：不要为失去的一匹马而惋惜或埋怨生活，既然有一袋烂苹果，就做一些苹果馅饼好了，这样生活才能妙趣横生，和美幸福，这样，你才可能获得意外的收获。

生命有得到是正常的，有失去也是正常的，如果你紧紧抓住失去不放，得到就永远也不会到来。放下失败，抓住成功，就可以让生命重放光彩。而这一切，需要你有一颗淡泊名利得失、笑看输赢成败之心。个性乐观的人对得失看得很淡，他们认为"得"是劳作的结果，无论劳心劳力，"得"都是心愿的实施，了得了心愿，却难免会失去追求。得到功名利禄的时候，满心喜悦，但同时也失落了沉思与警醒；得到婚姻的时候，爱情的光芒免不了黯淡；得到虚荣的时候，灵魂却在贬值；失去最爱的时候，便是得到永恒的寄托；失去依赖的时候，便得到人生必备的磨砺；失去憧憬的时候，便得到现实的选择。

人生就是一场游戏，有时你会赢，有时则会输。你应该训练自己掌握游戏的规则，这样你就会尽可能多地在游戏中获胜。两个工程师合作承担了一个研究项目，在项目即将完成时，做了一次试验，结果，出乎意外地失败了，他们从中发现了一些以前未曾预见的问题。面对挫折，一位工程师陷入了深深的自责之中，甚至怀疑自己是否还有完成这项研究项目的能力，而另一位工程师却为此感到欣慰：幸好现在及时发现了问题，这样可以在这个项目投入实际运作时避免许多错误。

毫无疑问，只有抱着积极的心态，才能使你有勇气迎战突如其来的挫折，不被挫折所击垮。也只有这样，你才能从挫折中获取有益的经验和教训，继续走上成功的道路。

对得与失的认知，看似平淡，却折射出一种对人生使命的思考，对物质和精神关系的透彻理解。人的一生，就是得与失互相交织的一生。得中有失，失中有得，有所失才能有所得。一个人为了实现自己的人生目标，体现自己的人生价值，暂时放弃一些物质上的享受，去追求让更多的人过上舒适幸福的生活，这种精神不仅让人尊敬，而且那种目标达成后的精神愉悦，是一般人所体验不到的，是超越物质的更高层次的精神满足和享受。

一点一滴地品味生活的快乐

　　品味生活的快乐是从小处着眼，不要因为事情小而忽略了别人对你的关爱。

　　爸爸问女儿："你快乐吗？"女儿答："快乐。"

　　爸爸让女儿试着举例，女儿说："比如现在呀。"当时晚饭后，他陪女儿一起登上楼顶，仰卧观天上的星星。这只是一件平常的小事，我们差不多每个人小时候都有类似的经历，都有这样的无数快乐时刻。

　　爸爸让女儿再举例，女儿说比如妈妈爱用茶叶水洗枕头，每每睡觉时都有淡淡的茶叶香味。还有妈妈在刚刷完油漆的屋子里放些菠萝，风儿一吹整个屋子就充满了芳香的菠萝味了。

　　这些本是生活中极其平常的小事，谁也无心去在意这些，可我们却难得有这样的快乐体味，只能到遥远的童年去寻找这样的感动。

　　这段故事是收音机曾经播出的，听完之后，总是让人萌生了一种感动。生活中原来时时刻刻充满了快乐，这快乐来自于生活的细微末节，只有用心去品味，快乐同样有色香味，同样可观可闻可吃可品。

　　有这样一个故事：一个欲离婚的女子厌烦了现有的琐屑生活，但她一直对其外祖母的快乐和谐生活充满好奇。有一天她终于忍不住打开了外祖母的日记，原来里面记录着外公为她洗了多少衣服，吻过她多少次，洗过多少次脚……相信任何读到此处都会吃惊，原来生活中的琐屑小事便是快乐的源泉。

　　生活是由一件件的琐碎之事连缀而成的，在这根线上的点点滴滴都连接着快乐的纽扣。仔细品味着细琐的每一点每一滴，你都会觉得生活更加丰富多彩。

　　品味生活要多想些美好之处。因为生活毕竟不是只有鲜花，时时充满阳光。我们要想成功地走出郁闷和哀愁，就要多思考生活中美好的一面，从中

139

品味幸福。比如下班了，妻子做好的可口的饭菜，这就是一种快乐，不要因为她时常埋怨而自悔自恼，也不要因为她的心胸狭隘而自怨自艾。再如，生病了，同事都拿着礼物来看望你，应该感到他们对你的关心，而不能过多考虑他们是否怀有其他目的。

一滴水珠可以照见太阳的光辉。品味生活的快乐是从小处着眼，不要因为事情小而忽略了别人对你的关爱。你上班迟到了，同事帮你打扫了地板，擦干净了桌子；下雨了，有人将伞伸到你上面的领空与你共享；当你向朋友借钱，哪怕发生屠格涅夫《兄弟》中的"我"遇乞丐的情景也无所谓。所有这些都是生活的一部分，都值得我们深深地怀恋，让我们感动。

凡事要往好处想

　　凡事往好的方面想，自然会心胸宽大，也较能容纳别人的意见。宽大的心胸，不但可以使人由别的角度去看事情，更能使自己过上悠然自得的日子。

　　常在商店中见到一尊佛像，但这尊佛像与其他的佛像大异其趣。他光着大肚皮坐卧于地，咧嘴露牙地捧腹大笑，看起来特别具有亲和力及喜悦感。他便是"大肚能容，了却人间多少事；满腔欢喜，笑开天下古今愁"的弥勒佛。

　　弥勒佛之所以令人敬服的特质就在于他的"豁达大度"。一件事有许多角度，如有好的一面，亦有坏的一面，有乐观的一面，亦有悲观的一面。就好比一个碗缺了个角，乍看之下，好似不能再用；若肯转个角度来看，你将发现，那个碗的其他地方都是好的，还是可以用的。若凡事皆能往好的、乐观的方向看，必将会希望无穷；反之，一味地往坏的、悲观的方向看，定觉兴致索然。外甥女只有3岁，晚餐时，每每执着汤匙要"自己来"，但次次皆被母亲夺走，而母亲通常的回答是："你还不会。"当我下次再造访她们家时，外甥女竟改口道："你帮我。"由此可见，孩子的热情被一而再、再而三地浇灭后，便容易产生依赖性。久而久之，将变成一个怕做错事而受嘲骂、缺乏自信的人，等到将来长大，自然会畏畏缩缩，没有勇气尝试突破困境。

　　凡事往好的方面想，自然会心胸宽大，也较能容纳别人的意见。宽大的心胸，不但可以使人由别的角度去看事情，更能使自己过着无入而不自得的日子。有一回，释尊的一位大弟子被一位婆罗门侮辱，但他对于婆罗门的辱骂只是充耳不闻，未予理会。因为他知道，一个会以辱骂别人来凸显自己的人，在个人的修养和品行上都有问题。婆罗门见到他无端被自己辱骂，不但没有生气，且微笑地答辩，真不愧是圣者，终于自知理亏忿忿地离开了。这便是豁达，即佛家所谓的圆融。

　　豁达一些，也要大度一些。就拿鞋子来说吧，我们买鞋子都知道要多预留一点空间，否则穿久了，会因脚和鞋子磨擦得太厉害，而起水泡，甚至磨破皮，以致痛苦难忍。又如赴约，应提早五分钟或十分钟到场，也一定比剩一分钟赶到的心情轻松多了。谚云"宰相肚里能撑船"，英国首相丘吉尔就是最好的例证。他对于化解愤怒的方法更是幽默。有一次，演说前有一位不赞同他的人，递了张纸条给他，上写着"笨蛋"二字，丘吉尔看了之后，并没有生气或不悦的颜色，只是拿着那张纸条幽默地说："我常常接到许多忘了签名的信，今天我第一次接到没有内容，却有签名的信，难道这是他的签名吗？"随后将纸条展示给在座诸位观看，引得哄堂大笑。愤怒是不好的情绪，但大多数的凡夫俗子往往控制不住它，只有少数有智慧、有肚量的人才能适时疏导这种不好的情绪。

　　我们都有过这种经验，就是盛怒之后，再反省便会发现："我当时也可以不必那么愤怒的，其实事情也不是那么严重，不知道他（受气者）现在的感受如何？"但当遇到那种使人愤怒的情景时，往往会按捺不住怒火。于是，我们必须透过日常生活不断地磨炼自己，使自己也拥有化解、疏导愤怒的智慧和能力。由于我们不是顿悟的圣者，便只有靠着"时时勤拂拭，勿使惹尘埃"的功夫，使自己臻于能忍辱、能容人的境界。是的，希望我们都能在生命之河的洗练中，慢慢磨去我们不知足的坏习性，使我们也能迈向圆融的人生。

　　我们应该效法弥勒佛笑口常开的个性，并学习他用积极开朗的态度去解决一切问题。在这充满争斗的繁华世界之中，唯有以最自然无争的态度，并处处流露服务他人的意念，才能散发人性至真、至善、至美的光明面。

　　西谚有云："当你笑时，全世界都跟着你笑，当你哭泣时，只有你一人哭泣。"日谚有云："笑门福来。"

　　如果你想要福气的话，在每天出门时就多练习笑容吧！

家是生命中永恒的歌谣

家是生命中永恒的歌谣，无论我们是在茫茫黑暗中，还是在冰天雪地里，充满祝福与爱的歌声永远会萦绕在我们的耳畔，给我们带来希望，带来真实的温暖。

三毛说："家就是一个人在点着一盏灯等你。"

当你受伤的时候，当你孤立无助的时候，当你一无所有的时候，别忘了，回家吧，家会轻轻抚平你的创伤，家会用真情温暖你孤独的心。漂泊良久，你会发现，唯有家才是你最忠实的港湾，唯有家才是你可以停靠的码头。

有个故事讲得很好，说有个年轻人离别了母亲，来到深山，想要拜活菩萨以修得正果，路上他向一个老和尚问路，寒暄之际，年轻人说明动机，并问老和尚哪里有得道的菩萨。

老和尚打量了一下年轻人，缓缓地说："与其去找菩萨，还不如去找佛。"

年轻人顿时来了兴趣，忙问："那么请问哪里有佛呢？"

老和尚说："你现在回家去，在路上有个人会披着衣服，反穿着鞋子来接你，让住，那个人就是佛。"

年轻人拜谢了老和尚，开始启程回家，路上不停地留意着老和尚说的那个人，可是快到家里时，也没见到。年轻人又气又悔，以为是老和尚欺骗了他，他回到家时已经是深夜了，他灰心丧气地抬手拍门。他的母亲知道自己的儿子回来了，急忙抓起衣服披在身上，连灯也来不及点着就去开门，慌乱中连鞋子都穿反了。年轻人看到母亲凌乱的样子，不禁热泪盈眶，心里也立即领悟了。

屋檐虽低，门槛依旧，不管你是衣锦还乡，还是失魂落魄蓬头垢面而归，家的门永远为你敞开着。岁岁年年，年年岁岁，无论春夏还是秋冬，家永远执着地为你抵挡外来的风风雨雨，为你撑起一柄爱的巨伞。

我们从出生到老去，谁能离得开家的怀抱？谁能挣得脱家那永远不变的炽热情怀？小时候，家是母亲，长大了，家是父亲，就是被父亲从鸟笼中放飞的却又被紧紧牵挂的那只雏鹰，脆弱又坚强，翅虽稚嫩但充满着崇高的理想。结婚后，家是妻子那温情脉脉的眼神，家是孩子那甜甜的醉人的吻。再往后，家是子孙绕膝的天伦之乐，是风雨同舟几十载的老伴的唠叨。

家是生命中永恒的歌谣，无论我们是在茫茫黑暗中，还是在冰天雪地里，充满祝福与爱的歌声永远会萦绕在我们的耳畔，给我们带来希望，带来真实的温暖！

羡慕别人不如珍惜自己拥有

平凡之人自有平凡之人的快乐幸福，既然你不是别人，就不必羡慕别人，更不该无视身边点滴的快乐。

每个人都有自己的生存状态，不必羡慕别人，也无须妄自张狂，热爱自己的生活方式，并用适当的方式来告诉人们"我活得很好"，这是一种乐观而自信的心态。

蔷薇和鸡冠花生长在一起。有一天，鸡冠花对蔷薇说："你是世上最美丽的花朵，神和人们都十分喜爱你，我真羡慕你有漂亮的颜色和芬芳的香味。"蔷薇回答说："鸡冠花啊，我仅昙花一现，即使人们不去摘，也会凋零，你却是永久开着花，青春常在。"

事物各有所长，也各有所短，不必羡慕别人有你所没有的东西，你也有别人所没有的东西。

在河的两岸，分别住着一个和尚与一个农夫。

和尚每天看着农夫日出而作，日落而息，生活看起来非常充实，令他相当羡慕。而农夫也在对岸，看见和尚每天都是无忧无虑地诵经、敲钟，生活十分轻松，令他非常向往。因此，在他们的心中产生了一个共同念头："真想到对岸去！换个新生活！"

有一天，他们碰巧见面了，两人商谈一番，并达成交换身份的协议，农夫变成和尚，而和尚则变成农夫。

当农夫来到和尚的生活环境后，这才发现，和尚的日子一点也不好过，那种敲钟、诵经的工作，看起来很悠闲，事实上却非常烦琐，每个步骤都不能遗漏。更重要的是，僧侣刻板单调的生活非常枯燥乏味，虽然悠闲，却让他觉得无所适从。

于是，成为和尚的农夫，每天敲钟、诵经之余都坐在岸边，羡慕地看着在彼岸快乐工作的其他农夫。至于做了农夫的和尚，重返尘世后，痛苦比农夫还要多，面对俗世的烦忧、辛劳与困惑，他非常怀念当和尚的日子。

因而他也和农夫一样，每天坐在岸边，羡慕地看着对岸步履缓慢的其他和尚，并静静地聆听彼岸传来的诵经声。这时，在他们的心中，同时响起了另一个声音："回去吧！那里才是真正适合我们的生活！"

每个人都有自己必经的历程，其中的辛苦与甜美只有自己感受最深刻。只有你亲自栽种的花朵，你才知道其特性与培植的感受，当花朵嫣然绽放时，你才能感受到成功的欣喜，也只有你才懂得欣赏。

或许你羡慕别人的生活比你快乐，你认为他的日子过得比你好。然而，你并没有看到他们生活中的另一面。人们都不愿让别人看到自己弱的一面，不愿让人觉得自己活得比别人差，所以，展示在别人面前的大多只是虚华的一面，而不是艰苦努力的一面。不必羡慕别人的美丽花园，因为你也有自己的乐土，只要你用心耕耘，眼前的这片花圃，终会有花团锦簇、香气四溢的一天。

我们经常听见朋友间的抱怨："你的生活过得真好，不像我，每天都得面对老板的唠叨……"但是，你怎么知道朋友的生活过得有多好？别只看事情表面，你没有经历过对方的工作，更没有经历过对方的生活，自然也看不见他们辛苦的一面。就像我们只看得见成功者的笑容，却看不见他们奋斗的过程中曾经流下的眼泪。

不必羡慕别人工作时的笑容，那也许只是苦中作乐；不必羡慕别人有车有房，如果你只是羡慕，那你羡慕一辈子，临死前，还在羡慕别人死后有一幢别墅一样的墓地，重要的是奔着自己的目标前进；更不必羡慕别人有佳人、王子相陪，好好地爱着你身边的人，也许他（她）平实如食之无味的馒头，但却可以充饥，且每一口都透着爱的温馨和热气。

世界那么大，每个人都有各自的选择和之所以那样选择的道理，自成一派多好。

朋友在快乐大道上等你

世间最最美好的东西，莫过于有几个头脑和人品都很正直的朋友。朋友可以分解你的烦恼，带给你快乐。

俗话说："在家靠父母，出外靠朋友。"此话说得很好，出门在外，没有几个能够托付身心的朋友，人生岂不太孤独无援了？培根说："缺乏真正的朋友，仍是最纯粹、最可怜的孤独。的确，没有友谊，没有关心，没有爱的人生是不幸的。

在现代社会，"相交喻于利"，人际关系越来越建立在各自利益的基础上，而那种互相勉励、互相帮助，患难与共的兄弟般的情谊已日渐稀少。这或许正是现代人生活富有却十分孤芳自赏的原因所在吧！

有一位在外企工作的职业经理人谈到友谊时曾说："我真希望为自己找一个知心朋友，我有不少生意场上的朋友，但无一是可称得上知己的，我感到十分孤单。偶尔心血来潮，毫无缘由地打电话，结果仅仅是问个好，谈天说地的事从来没有过——根本就没有这样的对象。没有朋友，没有友谊，结果陷在孤单的漩涡中。这真是现代人的悲哀！

敞开友谊之门吧！很多时候，我们抱怨孤独，抱怨没有真正的朋友。其实，是我们自己先把自我封闭在一个狭窄的世界里了，假如你不先伸出友谊的手，却希望人家来握你的手，何异于想"在沙漠里抓鱼"呢？敞开你的心扉，主动结交一些真正的朋友。当你孤独时，当你烦恼时，不妨打个电话给朋友，不妨邀朋友一块散散步，或是共进晚餐，或是亲自去看望一下久违的朋友……做完这一切后，或许你会突然发现：有个朋友真好！和别人不能说的话，和朋友却可以说；有了困难，还是朋友鼎力相助；自己卧病在床，是朋友手捧鲜花前来探望……友谊使我们领略到了生命的意义。

对于友谊，我们应认清什么是真正的朋友。在交友时，应多交益友，而不应与唯利是图的小人或酒肉之徒结为朋友。李白有诗云："人生贵相知，何用钱刀为。"建立在金钱关系上的朋友不可靠，人之相知，贵在知心，正所谓"浇花浇根，交友交心"。真正的朋友，当你走投无路的时候，能够给你有力的鼓励，而当你最趾高气扬的时候，也敢于为你"浇冷水"；真正的朋友，是不会张口就是友谊，闭口就是义气的。他们不会向你提什么要求，却会在你困难时挺身而出。爱因斯坦说："世间最最美好的东西，莫过于有几个头脑和人品都很正直的朋友。"与有见识的朋友结交，与敢进直言的朋友结交，实乃是人生的一大幸事。交友能达到这种境界，你就可以慨叹"人生得一知己足矣"了！

庄子云："君子之交淡如水，小人之交甘若醴，君子淡以亲，小人甘以绝。"貌似淡若清水的友谊，其实是最忠诚可靠。这样的友谊，真正的恰似陈年老酒了，身处其中，你会越品越浓，越品越香！

第七章　追逐梦想，别为小事而生气

　　别为小事生气，对待一些委屈和难堪的遭遇，在内心转变成另一种心情，以健康积极的态度去化解这一切。如果能从中得着更大的益处，不也是另一种收获吗？

不要为小事而动怒

当我们集中精力追求自己的梦想时，生活中的烦恼便会大大减少，便不会再为小事抓狂，因为我们在自己梦想的追求中得到了自我价值的实现，就不在乎身边这些丁点的麻烦事了。

有一个人夜里做了个梦，在梦中，他看到一位头戴白帽，脚穿白鞋，腰佩黑剑的壮士，向他大声叱责，并向他的脸上吐口水，吓得他立即从梦中惊醒过来。次日，他闷闷不乐地和朋友说："我自小到大从未受过别人的侮辱，但昨夜梦里却被人辱骂并吐了口水，我心有不甘，一定要找出这个人来，否则我将一死了之。"于是，他每天一早起来，便站在人潮往来熙攘的十字路口，寻找梦中的敌人。几星期过去了，他仍然找不到这个人。结果，他竟自刎而死。

看到这个故事，你也许会嘲笑主人公的愚蠢，做梦乃是一件极其稀松平常的小事，做噩梦也是常有的事，怎么能为此而大动干戈呢？可生活就有许多人为小事抓狂，为一点小事而和别人闹翻脸，甚至大打出手，这样的例子每天在街上都能看到。

中国有句古话说："九层之台，起于垒土，千里之堤，毁于蚁穴。"有的时候，事情虽小，但杀伤力却很强，小则破坏人的好心情，大则可以让人前功尽弃，甚至送命。历史上有多少大风大浪都过来了，却在阴沟里翻船的例子啊？今天不也正在上演一幕幕这样的悲剧吗？

在科罗拉州长山的山坡上，躺着一棵大树的残躯。据当地人讲，它曾有400多年的历史。在它漫长的生命历程中，曾被闪电击中过14次，它都挺过来了，但在最后，它却在一小队甲虫的攻击下永远倒下了。那些甲虫从根部向里咬，一开始树还没有感觉，但却渐渐伤了树的元气。最后，这样一棵森林中的巨人，岁月不曾使它枯萎，闪电不曾将它击倒，狂风暴雨也没能把它摧毁，却栽倒在小小的甲虫手里。

生活中有多少这样的例子，能勇敢地面对生活中的艰难险阻，却被小事搞得灰头土脸，垂头丧气。家务事虽小，再大的清官却也断不清。其实并非清官无能，而正是他们的高明之处。亲人之间，为一点点小事而反目成仇，实在是不应该，为何要给他们分个一清二白呢？就让他们糊涂到底吧，这样反而比分清谁是谁非更好。

别为小事抓狂，对待一些委屈和难堪的遭遇，在内心转变成另一种心情，以健康积极的态度去化解这一切。如果能从中得着更大的益处，不也是另一种收获吗？这不是比到处记恨别人，处处结下冤家强吗？有一则小故事说，有一个人经过一棵椰子树，一只猴子从上面丢了一个椰子下来，打中他的头，这人摸了摸肿起来的头，然后把椰子捡起来，喝了椰子汁，吃了果肉，最后还用外壳做了个碗。

我们之所以对小事缺乏足够的承受能力，说明我们没有把精力放在更为重要的事情上，因此，面对生活中的烦恼，我们首先要问自己："这是我生活目标中至关重要的事情吗？为此花费时间与精力值得吗？"

第七章 追逐梦想，别为小事而生气

用笑声解除忧愁

笑是生活的开心果，是无价之宝，但却不需花一分钱。所以，每个人都应学会以微笑面对生活。

如果我们整日愁眉苦脸地生活，生活肯定愁眉不展；如果我们爽朗乐观地看生活，生活肯定阳光灿烂。朋友，既然现实无法改变，当我们面对困惑、无奈时，不妨给自己一个笑脸，一笑解千愁。

笑声不仅可以解除忧愁，而且可以治疗各种病痛。微笑能加快肺部呼吸，增加肺活量，能促进血液循环，使血液获得更多的氧，从而更好地抵御各种病菌的入侵。

生理学家巴甫洛夫说过："忧愁悲伤能损坏身体，从而为各种疾病打开方便之门，可是愉快能使你肉体上和精神上的每一现象敏感活跃，能使你的体质增强。药物中最好的就是愉快和欢笑。"

笑声还可以治疗心理疾病。印度有位医生在国内开设了多家"欢笑诊所"，专门用各种各样的笑："哈哈笑""开怀大笑""吃吃"抿嘴偷笑、抱着胳膊会心地微笑等等来治疗心情压抑等各种疾病。在美国的一些公园里都辟有欢笑乐园。每天有许多男女老少在那里站成一圈，一遍遍地哈哈大笑，进行"欢笑晨练"。

笑不仅具有医疗作用，而且生活中它还能产生人们意想不到的用途。有个王子，一天吃饭时，喉咙里卡了一根鱼刺，医生们束手无策。这时一位农民走过来，一个劲地扮鬼脸，逗得王子止不住地笑，终于吐出了鱼刺。

雪莱说过："笑实在是仁爱的表现，快乐的源泉，亲近别人的桥梁。有了笑，人类的感情就沟通了。"笑是快乐的象征，是快乐的源泉。笑能化解生活中的尴尬，能缓解工作中的紧张气氛，也能淡化忧郁。一对夫妻因为一点生活琐事吵了半天，最后丈夫低头喝闷酒，不再搭理妻子。吵过之后，妻子先想通了，便想和丈夫和好，但又感到没有台阶可下，于是她便灵机一动，炒了一盘菜端给丈夫说："吃吧，吃饱了我们接着吵。一句话把正在生闷气的丈夫给逗乐了，见丈夫真心地笑了，她自己也乐开了。就这样，一场矛盾在笑声中化解开来。

既然笑声有这么多的好处，我们有什么理由不让生活充满笑声呢？不妨给自己一个笑脸，让自己拥有一份坦然；还生活一片笑声，让自己勇敢地面对艰难这是怎样的一种调解，怎样的一种豁达，怎样的一种鼓励啊！

赫尔岑有句名言说："不仅会在欢乐时微笑，也要学会在困难中微笑。"人生的道路上难免遇到这样那样的困难，时而让人举步维艰，时而让人悲观绝望；漫漫人生路有时让人看不到一点希望。这时，不妨给自己一个笑脸，让来自于心底的那份执着，鼓舞自己插上理想的翅膀，飞向最终的成功；让微笑激励自己产生前行的信心和动力，去战胜困难，闯过难关。

"清新、健康的笑，犹如夏天的一阵大雨，荡涤了人们心灵上的污泥、灰尘以及所有的污垢，显露出善良与光明。"笑是生活的开心果，是无价之宝，但却不需花一分钱。所以，每个人都应学会以微笑面对生活。

第七章 追逐梦想，别为小事而生气

学习发怒与不发怒

既会发怒，又难以被激怒。适时发怒，又适可而止，这就是发怒的学问。最重要的是，在学习用发怒表示立场之前，先应该学会，在人人都认为我们会发怒的时候，能稳住自己，不发怒。

什么？发怒也要学习？

那当然了！生个气真有那么容易吗？

以前有一位刚从军中退伍的学生说的笑话。一位团长满面通红地对脸色发白的营长发脾气；营长回去，又满面通红地对脸色发白的连长冒火；连长回到连上，再满脸通红地对脸色发白的排长训话……

说到这儿，学生一笑："我不知道他们的怒火，是真的，还是假的。"

是真的，也是假的；当怒则怒，当服则服。

每次想到他说的画面，也让我想起电视上对日本企业的报道：职员们进入公司之后，不论才气多高，都由基层做起，也先学习服从上面的领导。在熙来攘往的街头，一个人直挺挺地站着，不管人们奇异的眼光，大声呼喊各种"老师"规定的句子。

他们在学习忍耐，忍耐清苦与干扰，把个性磨平，将脸皮磨厚，然后——他们在可发怒的时候，以严厉的声音训部属，也以不断鞠躬的方式听训话。怪不得美国人常说：

"在谈判桌上，你无法激怒他们，所以很难占日本人的便宜。"

既会发怒，又难以被激怒。适时发怒，又适可而止，这就是发怒的学问。最重要的是，在学习用发怒表示立场之前，先应该学会，在人人都认为我们会发怒的时候，能稳住自己，不发怒。

说穿了，怒是一件人生的必需品。如果你不怕我唠叨，我可以告诉你，相互依赖是我们最基本的需求。发怒也是一种相互依赖。生物学中有一个简单的原理，即人天生就有自助能力。所有儿童天生会生气，这是一种健康的表现，这是一种抗争或抗争反应。当父母对孩子不好或在情感上无意地忽视孩子时，孩子会用哭泣表示愤怒，但他们通常会压抑孩子合理的愤怒。父母不应该要求完美，应给予所有孩子表示生气的机会。对愤怒的压抑比创伤危害更大。像催眠曲中"噢……宝宝不要哭。"这样的句子对父母倒很实用，而对孩子却没有益处。也许父母像孩子一样，不得不压抑愤怒，从愤怒恢复平和心态对父母也同样适用。人们相互之间应形成相互依赖关系。这种关系是孩提时代所形成的依赖关系的再现，是在无意识的情况下为了宣泄受压抑的愤怒和忧伤而形成的。我们当中许多人寻找过伙伴、雇主和朋友，他们使我们回忆起我们和父母的关系，而这些关系并不让我们感到愉快。

最糟时期过后，正常情绪得以恢复。最终得到持续的快乐，这种快乐不是一时的"情绪高涨"，而是定义为远离焦虑和沮丧。我们又重新得到爱和被爱的能力。

积极的、具有攻击性生气情绪的人通常会吹毛求疵，而且不能被拒绝，所以和这样的人相处时，就如同走在蛋壳上一样。这种行为在很多时候，是一种自我表现保护方式，保护他们在面对批评和拒绝时，不会感到痛苦。说白了，就是要面子。理智与情绪的争战也往往由此而生。是怒火压倒理性，还是理智更胜一筹，就全看你是秉公还是挟私了。

想清楚再发怒

一个不会愤怒的人是庸人，一个只会愤怒的人是蠢人，一个能够控制自己情绪、做到尽量不发怒的人是聪明人。

心若改变，你的态度跟着改变；态度改变，你的习惯跟着改变；习惯改变，你的性格跟着改变；性格改变，你的人生跟着改变。在顺境中感恩，在逆境中依旧心存喜乐，远离愤怒，认真、快乐地生活，怀着爱心，做大事情。

以前看过几次成人在街头打架，印象最深刻的是两个人刚动手，就听见有东西在地上滚的声音，循声望去，原来是两只断了表带的手表。也碰过人们在餐馆一言不合，大打出手，妙的是，这个狠狠给那个一拳，那人倒在椅子上，椅子咔嚓一声，就断成了三截。后来我常盯着自己的手表和椅子想：看起来这表带挺结实，我丢球、做体操，它都不会掉。还有这椅子，两百磅的大胖子坐上去，也不会垮，为什么打架的时候，那么不经用呢？我想出的答案是：它们都是为理性的人做的。理性时再结实的东西，碰到不理性的动作，都变得脆弱无比。

问题是，人毕竟是人，是人就有情绪，有情绪就可能发怒。挪威首都的"维格兰雕刻公园"有数百尊雄伟壮观的雕塑，伫立在中央走道的两侧。公园的中心点，则是耸入天际的名作——"生命之柱"。奇怪的是，旅客大多却围在一个不过三尺高的小铜像前。那是一个跺脚捶胸、嚎啕大哭的娃娃，公园里最著名的"怒婴像"。高举着双手，提起一只脚，仿佛正要狠狠踢下去。虽然只是个铜像，却生动得好像能听到他的声音、感觉到他的颤抖。他是在发怒啊！为什么还这么可爱呢？大概因为他是个小娃娃吧！被激动了本能；点燃了人类最原始的怒火。谁能说自己绝不会发怒？只是谁在发怒的时候，能像这个娃娃，既宣泄了自己的情绪，又不造成伤害？

最近看了陈凯歌导演的《霸王别姬》和张艺谋导演的《活着》。其中印象最深刻的，却都是发怒的情节。在《霸王别姬》里，两个不成名的徒弟去看师父，师父很客气地招呼他们。但是当二人请师父教诲的时候，那原来笑容满面的老先生，居然立刻发怒，拿出"家法"，好好修理了两个听话的徒弟。在《活着》这部电影中，当葛优饰演的败家子，把家产输光，债主找上门，要葛优的老父签字，把房子让出来抵债时。老先生很冷静地看着借据说："本来嘛！欠债还钱。"然后冷静地签了字，把偌大的产业让给了债主。事情办完，一转身，脸色突然变了，浑身颤抖地追打自己的不肖子。两部电影里的老人，都发了怒。但都是在该发怒的时候动怒，也没有对外人发怒。那种克制与冷静，让人感觉到"剧力万钧"。

这世上有几人，能把发怒的原则、对象和时间，分得如此清楚呢？

记得小时候，常听大人说，在联合国会议里，苏联领导人赫鲁晓夫，会用皮鞋敲桌子。后来，一位外交人员谈到这件事时说："有没有脱鞋，我是不知道。只知道做外交虽然可以发怒，但一定是先想好，决定发怒，再发怒。也可以发表愤怒的文告，但是哪一篇文告不是在冷静的情况下写成的呢？所以办外交，正如古人所说，君子有所为，有所不为；君子有所怒，有所不怒。"这倒使我想起一篇有关本世纪最伟大指挥家托斯卡尼尼的报道。托斯卡尼尼脾气非常大，经常为一点点小毛病，而暴跳咆哮，甚至把乐谱丢进垃圾桶。但是，报道中说，有一次他指挥乐团演奏一位意大利作曲家的新作，乐队表现不好。托斯卡尼尼气得暴跳如雷，脸孔胀成猪肝色，举起乐谱要扔出去。只是，手举起，又放下了。他知道那是全美国唯一的一份"总谱"，如果毁损，麻烦就大了。托斯卡尼尼居然把乐谱好好地放回谱架，再继续咆哮。请问，托斯卡尼尼真在发怒吗？还是以"理性的怒"做了"表示"？

心理平衡是关键

马寅初先生讲过："宠辱不惊，闲看庭前花开花落；去留无意，漫观天外云展云舒。"这个度量很大。梁启超给谢冰心写过："世事沧桑心事定，胸中海岳梦中飞。"世界上虽沧桑变化，我心事定，无论你怎么变化，我心里有数，各种烦恼的事啊，做一个梦，睡个觉就过去了。这就是度量。所以，无论受多大的挫折，都能维护心理平衡，不生气，不动怒。

生活有许多不如意，大多源自比较。一味地、盲目地和别人比，造成了心理不平衡，而不平衡的心理使人处于一种极度不安的焦躁、矛盾、激愤之中，使人牢骚满腹，思想压力，甚至不思进取。表现在工作就是得过且过，更有甚者会铤而走险，玩火烧身。因此，我们必须保持心理平衡。以下几点建议，是走出心理失衡误区的钥匙。

1. 学会比较。

心理失衡，多是因为选择了错误的比较对象，总与比自己强的人比较，总拿自己的弱点与别人的优点比较。如果能够我行我素，不去比较，实在要比的话，就把和自己处于同一起跑线上的人当作比较对象，那生活中可能会少一些烦恼，多一片笑声。

2. 寻找自信。

自信是心理平衡的基础。假如感到某方面不如别人，应相信自己是有才的，只不过是低估了自己的长处而已。当然，自信的前提是自己确有发光点。所以，平时应当练好基本功。

3. 自我发泄。

你有权发火，怒而不宣可摧毁肌体的正常机能，导致体内毒素滋生，使人变得抑郁、消沉。适当的发泄可以排除内心怒气，重新鼓起生活的勇气。

发泄的方法很多，可以向朋友、家人倾诉，也可以在独处时怒吼，也可以对着某物打上几下，出出怒气。以前听说过某人在自己办公室里放上一盆沙子，愤怒时便用力去搓沙子，这样既不害人也不伤己，不失为发泄的一个好方式。

4. 寻找港湾。

生活中需要一个能让自己"充电"、休养的港湾。无聊时去"充电"，烦恼时去放松，就像一只远航归来的帆船一样，在这宁静的港口及时得到休整。这个港湾可以是一间充满花香的"闺房"，可以是一个深造提高的培训班，也可以是一次独来独往的旅行。

5. 心底无私。

命运的主宰是自己，树立自己的世界观、人生观、经常思考、检查自己的所作所为，自重、自省、自警、自励。心底无私天地宽，只要做好自己就是最大的胜利，就能获得最大的安慰。

6. 享受生活。

生活是美好的，虽然有时候会和你开个玩笑，让你跌上一跤，但说不定让你跌倒的时候，会放一个金元宝在地上等着你去捡。学会体会生活的美丽，学会享受自然的恩赐，学会欣赏别人，也学会自我欣赏。

7. 献出爱心。

拾到一个钱包，与其整天提心吊胆，心神不宁，不如做件好事，奉献一片爱心，把钱包还给别人或是上交，为别人献出一点爱，心中会有更多的爱。

8. 复返自然。

大自然如同母亲的胸怀一样博大，如同上帝的施舍一样慷慨。烦闷时不妨到外面走走，回归自然。望着蔚蓝色的天空，朵朵的白云，潺潺的流水，听着那婉转的鸟鸣，心灵会慢慢趋于平静，快意不经意间涌上心头。

让仇恨长出鲜花

宽容是一种艺术，宽容别人，不是懦弱，更不是无奈的举措。在短暂的生命里中学会宽容别人，能使生活中平添许多快乐，使人生更有意义。正因为有了宽容，我们的胸怀才能比天空还宽阔，才能尽容天下难容之事。

法国19世纪的文学大师雨果曾说过这样的一句话："世界上最宽阔的是海洋，比海洋宽阔的是天空，比天空更宽阔的是人的胸怀。"

古希腊神话中有一位大英雄叫海格里斯。一天他走在坎坷不平的山路上，发现脚边有个袋子似的东西很碍脚，海格里斯踩了那东西一脚，谁知那东西不但没有被踩破，反而膨胀起来，加倍地扩大着。海格里斯恼羞成怒，操起一条碗口粗的木棒砸它，那东西竟然长大到把路堵死了。

正在这时，山中走出一位圣人，对海格里斯说："朋友，快别动它，忘了它，离它远去吧！它叫仇恨袋，你不犯它，它便小如当初，你侵犯它，它就会膨胀起来，挡住你的路，与你敌对到底！"

我们生活在茫茫人世间，难免与别人产生误会、摩擦。如果不注意，在我们轻动仇恨之时，仇恨袋便会悄悄成长，最终会导致堵塞了通往成功之路。所以我们一定要记着在自己的仇恨袋里装满宽容，那样我们就会少一份烦恼，多一分机遇。

拿破仑在长期的军旅生涯中养成宽容他人的美德。作为全军统帅，批评士兵的事经常发生，但每次他都不是盛气凌人的，他能很好地照顾士兵的情绪。士兵往往对他的批评欣然接受，而且充满了对他的热爱与感激之情，这大大增强了他的军队的战斗力和凝聚力，成为欧洲大陆一支劲旅。

在征服意大利的一次战斗中，士兵们都很辛苦。拿破仑夜间巡岗查哨。在巡岗过程中，他发现一名巡岗士兵倚着大树睡着了。他没有喊醒士兵，而是拿起枪替他站起了岗，大约过了半个小时，哨兵从沉睡中醒来，他认出了自己的最高统帅，十分惶恐。

拿破仑却不恼怒，他和蔼地对他说："朋友，这是你的枪，你们艰苦作战，又走了那么长的路，你打瞌睡是可以谅解和宽容的，但是目前，一时的疏忽就可能断送全军。我正好不困，就替你站了一会，下次一定小心。"

拿破仑没有破口大骂，没有大声训斥士兵，没有摆出元帅的架子，而是语重心长、和风细雨地批评士兵的错误。有这样大度的元帅，士兵怎能不英勇作战呢？如果拿破仑不宽容士兵，那后果只能是增加士兵的反抗意识，丧失了他本人在士兵中的威信，削弱了军队的战斗力。

宽容是一种艺术，宽容别人，不是懦弱，更不是无奈的举措。在短暂的生命里中学会宽容别人，能使生活中平添许多快乐，使人生更有意义。正因为有了宽容，我们的胸怀才能比天空还宽阔，才能尽容天下难容之事。

还有另外一则故事：

杰克和汤姆曾经是好朋友，有一次他们合伙做卖米的生意。

在他们居住的那条街上分布着许多米店，大多数店主把米放在外面，晚上找人看守。他们也和那些店主一样把米堆在商店外面。

可是有一天早上他们起来后发现米少了许多。杰克记得晚上汤姆起了好几次，他怀疑很可能是汤姆把米转移到其他地方，想独吞，因此心中大为不悦。而汤姆说他没有看见那些米，杰克不相信，两人吵了起来。汤姆忍无可忍，动手打了杰克，杰克毫不示弱也狠狠还击，打得汤姆鼻青脸肿。从此他们成为仇人，不再往来。

第三天杰克要到附近的一个小镇去做生意，一大早推开门发现门口放着一个陶罐，罐里装着几根骨头。按照当地风俗这是不吉利的象征，很晦气。杰克想肯定是汤姆诅咒他生意落败故意放在他家门口的，他非常生气地将陶罐扔到花园里，就出门了。结果那天他的生意很不好，不但没有赚到钱反而亏了不少本。回到家中他给院子里的花松土施肥时，无意中看到那个陶罐，想把它砸碎出气，又觉得很可惜，就顺便移了几株快死的花进去。

过了几天他从外边做生意回来，赚了不少钱。他很高兴地侍弄花草时惊喜地发现，陶罐里开满了鲜花。这让他很高兴，没想到用来出气的陶罐竟给他带来了意想不到的欢乐。看着这些鲜花，他开始为自己狭隘的心胸感到脸红，觉得自己当初不应该迁怒于汤姆，应该心平气和地向他解释。他决定主动向汤姆道歉。

在去汤姆家的路上遇到他的邻居，邻居问他说，前一段时间自家的小孩夜里在外面玩，把一个准备泡药的陶罐和一副兽骨药给弄丢了，不知杰克看见了没有。杰克回家找到陶罐和扔在院子里的兽骨还给了邻居。奇怪的是当他把东西还给邻居时，邻居反而给了他几袋米。

原来就在杰克和汤姆把米放在外面的那天夜里，有人要买杰克邻居家的米，黑暗中邻居错把杰克和汤姆的米卖了，等第二天发现时，买主已不知去向。邻居找杰克时杰克已到外地去了，后来就把这件事给忘了。杰克觉得自己错怪了汤姆，他带上从陶罐里采摘的鲜花到汤姆家表示真诚的道歉。

后来他们重新成为了朋友，感情比以前好多了。

人与人之间避免不了因互相误解而导致仇恨。最好的方式是以宽容的心态将这种仇恨栽培成一盆鲜花，让自己心里开花才能让周围遍地开花。时间带走一切也考验一切，值得珍惜的是无限春光和快乐的果实，真正的友谊并不因误解、仇恨而变淡，反而因海纳百川的胸怀和气度而更加深厚。

让仇恨长成鲜花是一种智者大彻大悟的境界，也是人生快乐的源泉。

世间没有绝对的对与错

世上没有绝对的对与错，更没有什么标准答案，只要我们能够讲出道理来，都是可以理解的。世上每一条名言，都能找到与之相对的名言，就是这个道理。

同一件事情、同一样东西，因为情境不同、认知不同，就容易产生不同的道理。公说公有理，婆说婆有理，只要能够说得出道理来，对和错，又有什么差别呢？

著名的寓言家伊索，年轻时曾经当过奴隶。

一天，他的主人要他准备一桌最好的酒菜，以款待一些德高望重的哲学家。当菜一盘盘端上来时，主人发现满桌都是动物的舌头，牛舌、猪舌、羊舌、鹿舌……简直就是一桌舌头大餐。

全桌客人出于礼貌，只敢小声地相互议论，机灵的主人发现宾客们的窃窃私语和怀疑的神色，连忙气急败坏地把伊索叫进来兴师问罪。

主人严厉地斥责说："我不是叫你准备一桌最好的菜吗？你准备这些东西究竟是什么意思？"

伊索不慌不忙、谦恭有礼地回答："在座的贵客都是知识渊博的哲学家，他们高深的学问需要用舌头来阐述。对他们来说，我实在想不出还有什么比舌头更珍贵的东西了。"

哲学家们听了他这番对舌头的吹捧，都不禁转怒为喜，纷纷开怀大笑。

第二天，主人又要伊索准备一桌最不好的菜，招待别的客人。这批客人是主人住在乡下的亲戚，主人一向看不起他们，认为他们狗嘴吐不出象牙，只是一群老土的乡巴佬，只有在逢年过节时，主人才会勉强招待他们来家里吃饭。

宴会开始后，菜一盘盘地端上来，却仍然还是一桌舌头大餐。主人火冒三丈，气冲冲地跑进厨房质问伊索："你昨天不是说舌头是最好的菜，怎么这会儿又变成了最不好的菜了？"

只见伊索镇静地回答："祸从口出，舌头会为我们制造灾难，引起别人的不悦，所以它也是最不好的东西。"

主人听了，不禁哑口无言。

尼采曾说："没有真正的事实，只有诠释。"

我们上学时，老师总讲究标准答案，正是这标准答案束缚了我们的创造性思维。曾经还听到这样一件事情。有一次对学生进行语文测试，问学生"雪化了变成了什么"。有回答变成"水"的，也有回答变成"泥水"的，都被判为正确。只有一个学生回答"雪化了变成了春天"，结果这个答案被判为"零分"，因为"雪化了变成了春天"不符合"标准答案"。而实际上，这该是一个多么富有想象力和诗意的答案呀。

世上没有绝对的对与错，更没有什么标准答案，只要我们能够讲出道理来，都是可以理解的。世上每一条名言，都能找到与之相对的名言，就是这个道理。因为，任何道理只有放到一定的环境里才是对的，离开了相应的环境，可能就是谬误了。

现在很多人都喜欢跟风，人家考研他就跟着考，人家就业他就跟着找工作，完全不去认真分析自身条件是不是适合。其实，很多事他做可能是正确的，但你做就可能是错误了，因为你不适合。所以，世上没有绝对的对与错，我们只能冷静地去做自己认为最正确的事。

世上没有绝对的幸福

你是不是心中也还怀着一股怒气呢？要知道这样受伤害最大的是你自己，何不看开点，放自己一马呢？莎士比亚曾告诫我们："使心地清净是青年人最大的诚命。"

从前，在威尼斯的一座高山顶上，住着一位年老的智者，至于他有多么的老、为什么会有那么多的智慧，没有一个人知道。人们只是盛传他能回答任何人的任何问题。有两个调皮的小男孩并不以为意，甚至认为可以愚弄他，于是就抓来了一只小鸟在手心，一脸诡笑地问老人："都说你能回答任何人提出的任何问题，那么请你告诉我，这只鸟是活的还是死的？"老人想了想，完全明白这个孩子的意图，便毫不迟疑地说："孩子啊，如果我说这鸟是活的，你就会马上捏死它；如果我说它是死的呢，你就会放手让它飞走。孩子，你的手掌握着生杀大权啊！"

同样地，我们每个人都应该牢牢地记住这句话，每个人的手里都握着关系成败与哀乐的大权。

一位朋友讲过他的一次经历：

一天下班后我乘中巴回家，车上的人很多，过道上站满了人。站在我面前的是一对恋人，他们亲热地相挽着，那女孩背对着我，她的背影看上去很标致，高挑、匀称、活力四射，她的头发是染过的，是最时髦的金黄色，穿着一条最流行的吊带裙，露出香肩，是一个典型的都市女孩，时尚、前卫、性感。他们靠得很近，低声絮语着什么。女孩不时发出欢快笑声，笑声不加节制，好像是在向车上的人挑衅：你看，我比你们快乐得多！笑声引得许多人把目光投向他们，大家的目光里似乎有艳羡。不，我发觉他们的眼神里还有一种惊讶，难道女孩美得让吃惊？我也有一种冲动，想看看女孩的脸，看看那张倾城的脸上洋溢着幸福会是一种什么样子。但女孩没回头，她的眼里只有她的情人。

后来，他们大概聊到了电影《泰坦尼克号》，这时那女孩便轻轻地哼起了那首主题歌，女孩的嗓音很美，把那首缠绵悱恻的歌处理得很到位，虽然只是随便哼哼，却有一番特别动人的力量。我想，只有足够幸福和自信的人，才会在人群里肆无忌惮地欢歌。这样想来，便觉得心里酸酸的，像我这样从内到外都极为孤独的人，何时才会有这样旁若无人的欢乐歌声？

很巧，我和那对恋人在同一站下了车，这让我有机会看到女孩的脸，我的心里有些紧张，不知道自己将看到一个多么令人悦目的绝色美人。可就在我大步流星地赶上他们并回头观望时，我惊呆了，我也理解了在此之前车上那些惊诧的眼睛。我看到的是张什么样的脸啊！那是一张被烧坏了的脸，用"触目惊心"这个词来形容毫不夸张！真搞不清，这样的女孩居然会有那么快乐的心境。

朋友讲完他的故事后，深深地叹了口气感慨道："上帝真是公平的，他不但把霉运给了那个女孩，也把好心情给了她！"

其实掌控你心灵的，不是上帝，而是你自己。世上没有绝对幸福的人，只有不肯快乐的心。你必须掌握好自己的心舵，下达命令，来支配自己的命运。

你是否能够对准自己的心下达命令呢？倘若生气时就生气，悲伤时就悲伤，懒惰时就偷懒，这些只不过是顺其自然，并不是好的现象。释迦牟尼说过："妥善调整过的自己，比世上任何君王更加尊贵。"由此可知，"妥善调整过的自己"，比什么都重要。任何时候都必须明朗、愉快、欢乐、有希望、勇敢地掌握好自己的心舵。

有一个人夜里做了一个梦，在梦中他看到一位头戴白帽，脚穿白鞋，腰佩黑剑的壮士，向他大声叱责，并向他的脸上吐口水……于是从梦中惊醒过来。

次日，他闷闷不乐地对他的朋友说："我自小到大从未受过别人的侮辱。但昨夜梦里却被人骂并吐了口水，我心有不甘，一定要找出这个人来，否则我将一死了之。"

于是，他每天起来便站在往来熙攘的十字路口寻找梦中向他吐口水的那个人，但他始终没有找到这个人。

人常常会假想一些敌人，然后累积许多仇恨，使自己产生许多毒素，结果把自己活活毒死。

你是不是心中也还怀着一股怒气呢？要知道这样受伤害最大的是你自己，何不看开点，放自己一马呢？莎士比亚曾告诫我们："使心地清净是青年人最大的诫命。"

快乐是自己的事情，只要愿意，我们可以随时调换手中的遥控器，将心灵的视窗调整到快乐频道。

第七章

追逐梦想，别为小事而生气

往事难追，后悔无益

昨日的阳光再美，也移不到今天的画册。好好把握现在。覆水难收。往事难追。后悔无益！从过去的错误中吸取教训，在以后的生活中不要再重蹈覆辙就可以了，学会豁达一点。

人生就像一张单程的车票，一去无返。错过了就别后悔。人生最怕失去的不是已经拥有的东西，而是失去对未来的希望。世界并不完美，人生当有不足。留些遗憾，反倒使人清醒，催人奋进，是好事。俗话说，没有皱纹的祖母最可怕，没有遗憾的过去无法链接人生。

令人后悔的事情，在生活中经常出现。许多事情做了后悔，不做也后悔；许多人遇到了就后悔，错过了更后悔；许多话说出来后悔，说不出来也后悔……人的遗憾与后悔情绪仿佛是与生俱来的，正像苦难伴随生命的始终一样，遗憾与悔恨也与生命同在。

人生一世，花开一季，谁都想让此生了无遗憾，谁都想让自己所做的每一件事都永远正确。从而达到自己预期的目的。可这只能是一种美好的幻想。人不可能不做错事，不可能不走弯路。做了错事，走了弯路之后，有后悔情绪是很正常的，这是一种自我反省，是自我解剖与抛弃的前奏曲，正因为有了这种"积极的后悔"，我们才会在以后的人生之路上走得更好、更稳。

但是，如果你纠缠住后悔不放或羞愧万分，而使自己一蹶不振，自惭形秽或自暴自弃，那么你的这种做法就真正是蠢人之举了。

古希腊诗人荷马曾说过："过去的事已经过去，过去的事无法挽回。"的确，昨日的阳光再美，也移不到今日的画册。我们又为什么不好好把握现在，珍惜此时此刻的拥有呢？为什么要把大好的时光浪费在对过去的悔恨之中呢？

覆水难收，往事难追，后悔无益。

据说一位很有名气的心理学老师，一天给学生上课时拿出一只十分精美的咖啡杯，当学生们正在赞美这只杯子的独特造型时，教师故意装出失手的样子，咖啡杯掉在水泥地上成了碎片，这时学生中不断发出了惋惜声。可是这种惋惜也无法使咖啡杯再恢复原形。今后在你们生活中如果发生了无可挽回的事时，请记住这破碎的咖啡杯。

破碎的咖啡杯，恰恰使我们懂得了：过去的已经过去，不要为打翻的牛奶而哭泣！生活不可能重复过去的岁月，光阴如箭，来不及后悔。生活的一份养料，从过去的错误中吸取教训，在以后的生活中不要重蹈覆辙，要知道"往者不可谏，来者犹可追"。

错过了就别后悔。后悔不能改变现实，只会消弭未来的美好，给未来的生活增添阴影。最后，让我们牢记卡耐基的话吧：要是我们得不到我们希望的东西，最好不要让忧虑和悔恨来苦恼我们的生活。且让我们原谅自己，学得豁达一点。

尽管忘记过去是十分痛苦的事情，但事实上，过去的毕竟已经过去，过去的不会再发生，你不能让时间倒转。无论何时，只要你因为过去发生的事情而损害了目前存在的意义，你就是在无意义地损害你自己。超越过去的第一步是不要留恋过去，不要让过去损害现在，包括改变对现在所持的态度。

如果你决定把现在全部用于回忆过去、懊悔过去或留恋往日的美好时光，不顾时不再来的现实，希望重温旧梦，你就会不断地扼杀现在的美好，一旦现在成为了过去，你将又会陷入深深的懊悔和苦恼中，循环往复，不得而终。

当然，放弃过去并不意味着放弃你的记忆，或要你忘掉你曾学过的有益道理，这些道理会使你更幸福、更有效地生活在现在。

第八章　磨炼心智，再苦也要笑一笑

在漫漫的人生旅途中，我们碰到失意并不可怕，即使受挫也无须忧伤。只要我们心中的信念没有萎缩，即使大雪纷飞，人生之旅也不会为之中断。其实人生路上的艰难险阻是人生对我们另一种形式的馈赠。坑坑洼洼也是对我们意志的磨炼和考验。

像孩童一样笑和幻想

保持一颗童心，是一门艺术，是一门人生的艺术，也是最难的一门艺术。

天真的孩童总是喜欢笑。有时候会无缘无故地笑，那是抑制不住满心的欢喜；天真的孩童总是喜欢幻想，总有一个个美好的憧憬和向往，喜欢施展想象力天马行空地奔跑。在他们的世界里，一根树枝可以变成一根神奇的魔棒，一把扫帚可以变一匹马……这些幻想是纯朴而又华丽的，无论它是昙花一现，还是长久的怒放，都能给我们这世界增添生动的、丰富的、美丽的内容。

是的，孩子的心灵是天真淳朴、晶莹剔透的。在孩子天真烂漫的童真世界里，一棵狗尾巴草和一个电动小汽车是等价的；一块蒙垢的石子比一块金子更有光泽……

蓝天、白云、花朵、露珠、清泉、雪花……一切美好的东西上都有童心的痕迹，一切美丽的东西都与童心的本质是相同的。但令人无奈的是，人们随着年龄的增长，阅历的增多，逐渐感觉到拥有童心不易，保住童心更难。

在历经了生活的艰难困苦之后，仍然拥有一颗纯真童心的人，他们才是真正意义的贵族，他们知道"童心"是灵感的源泉，他们是你所接触过的最幸福、最有活力的人。他们比普通人更知道怎样让自己内心的"孩子"出来亮相。早上醒来，他们能够傻傻地肆无忌惮地笑，就像回到了天真烂漫的孩童时代；他们能够完全地沉浸于自己的幻想，就像他们在孩提时代常常走神一样。他们清楚"真正的生活"不是整天工作和奔波，他们喜欢对生存保留一种孩子似的天真和好奇。

你可能会说："我也时常想回到儿童时代无忧无虑的时光里去，但是我有需要照顾的父母、公婆，有嗷嗷待哺的孩子，有经济上的烦心事以及其他需要考虑的问题。生活的重担让我喘不过气来，我怎么还有心思早上起来轻松地进入笑和幻想的世界呢？"事实上，你自愿回到儿童般的状态中，像孩子一样去开怀大笑，像孩子一样热爱幻想，并不意味着你必须放弃当一个成年人。它仅仅意味着让你更自由自在一些，让你摘掉成年人的面具，记住你最初那双睁大了的眼睛，并且发自内心地赞叹整个世界以及其中的一切事物和人。去尽情享受当孩子的乐趣吧，孩子气就好像大热天里的清凉饮料一样让人心旷神怡。

有一个女人叫小晗，她在一家广告公司做平面设计，工作起来非常干练，充满幻想的创意也让她颇受老板的赏识，不过她认为这应该归功于自己的童心。是的，每个第一次走进她房间的人，都会不由得惊奇，肯定会以为走错了房间，还以为进入了小孩的卧室呢！屋子不大，没有床，在地板上铺的是整张软软的海绵垫子，小晗和她丈夫是以地为床的。垫子是海洋蓝的底色，上面的鱼、蟹、海星栩栩如生。每天早上一睁开眼，一定是幻想着来一次海洋旅行了。

中国儿童作家秦文君的作品《男生贾里女生贾梅》能够发行一百多万册，就在于她的脸上常有儿童般的快乐。她爱孩子，孩子爱她，她是一个真正意义上的大孩子，这也是她作品魅力不衰的原因所在。

无论处于如何艰难的境地，早上起来，你都可以畅快地笑，可以允许你自己享受有趣的幻想，以及精神健康的好处。你可以写下20条你长期以来梦寐以求的事情，不论是参加马拉松比赛、上电视，还是访问。然后划去那些看起来在短期内无法实现的幻想。最后你至少会得到一项你今天就可以实现的梦想。马上去实现它吧。然后再开始计划第二件最切实可行的事。慢慢地，你就会实现许许多多看来"幼稚可笑"的幻想，而且大部分都会被证明是实实在在的成就。

孩童的笑和幻想是这个世界的原始本色，没有一点功利色彩。就像花儿的绽放，树枝的摇曳，风儿的低鸣，蟋蟀的轻唱。它们听凭内心的召唤，是本性使然，没有特别的理由。

童心是生产乐趣的工厂，治疗忧伤的灵药，流淌幸福的源泉，童心不老的奥妙在于拥有童趣的沃土。一切有生命力的东西，都是童心的驱使。保持一颗单纯而快乐的童心，是自我心理的需要，更是调节心理的良剂。

欣赏生活，享受生活

享乐不该是遥不可及的梦想，它应该是举手可得的快乐。享乐和价钱多寡无关，重要的是在于兴致和心情。生活本身就不是件易事，何不让自己随时随地处于享乐的心情呢？

包希尔·戴尔是一位眼睛几乎瞎了的不幸之人，但是她的生活却并不是像我们所想象的那样糟糕。因为她始终坚信，不论是谁，只要她来到了这个世界上，就是合理的。用她的话说，她相信有所谓的命运，但是她更相信快乐。因为她自己就是一个在厨房的洗碗槽里也能寻求到快乐的人。

包希尔·戴尔的眼睛处在几近失明状态已很长时间了。她在自己所写的名为《我要看》的一本书中这样写道："我只有一只眼睛，而且还被严重的外伤给遮住，仅仅在眼睛的左方留有一个小孔，所以每当我要看书的时候，我必须把书拿起来靠在脸上，并且用力扭转我的眼珠从左方的洞孔向外看。"但是，她拒绝别人的同情，也不希望别人认为她与一般人有什么不一样。

当她还是一个小孩子的时候，她想要和其他的小孩子一起玩踢石子的游戏，但是她的眼睛却看不到地上所画的标记，因此无法加入他们，于是，她就等到其他的小孩子都回家去了之后，她就趴在他们玩耍的场地上，沿着地上所画的标记，用她的眼睛贴着它们看，并且，把场地上所有相关的事物都默记在心里，之后不久，她就变成踢石子游戏的高手了。她一般都是在家里读书的，首先，她先将书本拿去放大影印之后，再用手将它们拿到眼睛前面，并且几乎是贴到她的眼睛的距离，以致她的睫毛都碰到了书本，就是在这种的情况下，她还获得了两个学位，一个是明尼苏达大学的美术学士，另一个是哥伦比亚大学的美术硕士。

到了 1943 年，那时她已 52 岁了，也就在那个时候发生了奇迹。她在一家诊所动了一次眼部手术，没想到却使她的眼睛能够看到比原先所能看到远

40倍的距离。尤其是当她在厨房做事的时候，她发现到即使在洗碗槽内清洗碗碟，也会有令人心情激荡的情景出现。她又继续写道："当我在洗碗的时候，我一面洗一面玩弄着白色绒毛似的肥皂水，我用手在里面搅动，然后用手捧起了一堆细小的肥皂泡泡，把它们拿得高高地对着光看，在那些小小的泡泡里面，我看到了鲜艳夺目好似彩虹般的光彩。"

当从洗碗槽上方的窗户向外看的时候，她还看到了一群灰黑色的麻雀，正在下着大雪的空中飞翔。她发现自己在观赏肥皂泡泡与麻雀时的心情，是那么的愉快与忘我。因此，她在书中的结语中写道："我轻声地对自己说，亲爱的上帝，我们的天父，感谢你，非常非常地感谢你！"让我们来感谢上帝的恩赐，因为它使你能够洗碗碟，因而使你得以看到泡泡中的小彩虹，以及在风雪中飞翔的麻雀。

也许，你我都应该为自己感到羞耻，因为在我们人生已度过的日子里，我们一直是生活在一个美好的乐园里，但是，我们却好像是瞎子一样，没有去好好地欣赏它，也没有好好地去享受它。

其实享乐的方式还有很多，个个都是多彩多姿，只看你如何选择了，但只要你选择了，你的心情，就会奇迹般地回升，第二天又会是一个全新的开始。

比如周末的时候去享受大自然的乐趣。周末，约了三五个好友去登山，驾车远离市区，天高气爽，心情会格外地好。一周工作后，人已经很疲劳，但回到大自然，和好友谈笑风生，偶尔再放纵一下，索性一不做二不休，脱掉高跟鞋，把鞋拽在手上爬山，一路上虽然惹人注目，但其中的惬意自在你心中。

再比如享受网络乐趣。曾几何时，随着网络的普及，聊天可以助你打字速度突飞猛进，享受敲落键盘流飞语的快感。其实网恋是一种比友情深一点，比现实爱情又浅一点的纯感情性的东西，如果理智地聊天，确切地说这种网恋应该是恋网才对。所以大可不必担心会误入歧途。如果觉得聊天没有意思，还可以下到论坛看帖，帖子可能会让你看得眼花缭乱，但你总能找到自己感兴趣的帖子，也尝试着去跟在后边发表个建议什么的，或许你能在网络中找到在现实中无法找到的默契，网络谁也不认识谁，但可以选择适合自己口味的帖，跟帖。一来二去，其中乐趣不言而喻。是的，就是这样，我相信你总能找到一片欣赏的天地。

所以，作为一个现代化生活下的人，做一个活在当下的"享乐主义者"是不困难的，只看你有没有这份情趣，有没有这份心境了，享乐是人的特权，你千万不要让其浪费哟。

给自己一面心情的旗帜

人是应该学会苦中作乐，在刀丛里寻觅小花的，不然就会累垮。即使无法做到天天快乐开心，但也不要放过每一个给你带来轻松心情的片刻。

人的一生，就像一趟旅行，沿途中有数不尽的坎坷泥泞，但也有看不完的春花秋月。如果我们的一颗心总是被灰暗的风尘所覆盖。干涸了心泉、黯淡了目光、失去了生机、丧失了斗志，我们的人生轨迹岂能美好？而如果我们给自己一面心灵的旗帜，保持一种健康向上的心态，即使我们身处逆境，四面楚歌，也一定能看到未来的美景。

有两个重病人同住在一家大医院的小病房里。房子很小，只有一扇窗子可以看见外面的世界。其中一个病人的床靠着窗，他每天下午可以在床上坐一个小时。另外一个人则终日都得躺在床上。

靠窗的病人每次坐起来的时候，都会描绘窗外的景致给另一个人听。从窗口可以看到公园的湖，湖内有鸭子和天鹅，孩子们在那儿撒面包片，放模型船，年轻的恋人在树下携手散步，在鲜花盛开、绿草如茵的地方人们玩球嬉戏，后头一排树顶上则是美丽的天空。

另一个人倾听着，享受着每一分钟。他听见一个孩子差点跌进湖里，一个美丽的女孩穿着漂亮的夏装……朋友的诉说几乎使他感觉到自己亲眼目睹了外面发生的一切。

在一个天气晴朗的午后，他心想：为什么睡在窗边的人可以独享外头的权利呢？为什么我没有这样的机会？他觉得不是滋味，他越是这么想。就越想换位子。他一定得换才行！这天夜里，他盯着天花板想着自己的心事，另一个忽然惊醒了，拼命地咳嗽，一直想用手按铃叫护士进来。但这个人只是旁观而没有帮忙——他感到同伴的呼吸渐渐停止了。第二天早上，护士来时那人已经死了，他的尸体被静静地抬走了。

过了一段时间，这人开口问护士，他是否能换到靠窗户的那张床上。护士们搬动他，将他换到了靠窗的那张床上，他感觉很满意。他用肘撑起自己，吃力地往窗外望……窗外只有一堵空白的墙。

如果他不起恶念，在晚上按铃帮助另一个人，他还可以听到美妙的窗外故事。可是现在一切都晚了，他看到的是什么呢？不仅是自己心灵的丑恶，还有窗外一无所有的白墙。几天之后，他在自责和忧郁中死去。

一个人只有心存美的意象，才能看到窗外的美景。命运对每一个人都是公平的，窗外有土也有星，就看你能不能磨砺一颗坚强的心，一双智慧的眼，透过岁月的风尘寻觅到辉煌灿烂的星星。

微笑的人生最美丽

高兴的时候，请微笑；不知所措的时候，记住微笑；面对挫折的时候，也不要忘了微笑……

世界通用的语言就是微笑！微笑是最庄严、最美丽的表情。穿什么样的衣服，都比不上脸上带着笑容来得美丽。

曾有这样一个小故事：有一位家境贫困的妇女离婚后，自己带着小孩谋生。她想让孩子开开眼界、看看美丽的世界，所以，她带着孩子到百货公司，让孩子认识各样东西。百货公司的东西琳琅满目，有各式各样的玩具：小熊、小猫、娃娃、机器人……孩子也很乖巧，只要妈妈能带她到处看看，她就已经很欢喜了！

有一天，她看到有人在拍照。这孩子忽然拉着妈妈的手说："妈妈，我也想要照相！"

那位妈妈摸摸孩子的头，理一理她的头发，轻抚着孩子的脸颊说："孩子啊！你看你这件衣服不够漂亮，今天不要照好吗？"

那小孩才五六岁，她却回答妈妈说："妈妈，我没有漂亮的衣服穿没关系啊！虽然衣服不漂亮，但我会笑啊！我的微笑不是很漂亮吗？"

妈妈听了很心疼！她从来不曾让孩子穿漂亮的衣服，但大家都称赞她很可爱。那天妈妈才发现：她的小孩之所以可爱，是因为她脸上常挂着笑容。

微笑确实是最漂亮的！穿什么漂亮的衣服，都不及脸上那份亲切的笑容来得美。那五六岁的小孩多懂事啊！她知道妈妈很辛苦，没什么多余的钱，所以只要能到百货公司看看就好了；虽然没有漂亮衣服穿，但她能自己创造美感——笑容。

保持开朗的心情和活力的举止有一个秘诀，那就是由衷的笑容。有人主张有一个笑的人生，对许多困难和不满，其实大可以一笑了之。在不能开怀大笑的场合，也不妨笑在心里，无声地笑。笑不只是脸上好看，同时也可松懈神经，振作精神，驱散紧张。

对人对事，都能够一笑了之的人，永远不会患得患失，神经过敏。

在日常生活上，实在有太多令人哭笑不得的事。如果让我们选择，我们应毫不犹豫地舍哭取笑！笑可以显示你的信心，笑也是实力的最佳证明。

笑是一种锐不可当的武器，没有其他粗言秽语比一笑更能使你的冤家对头心如刀割的了。对付侮辱的最有效方法就是淡然一笑。

如果你的人生中能充满微笑，那么还有什么困难是不能克服的呢？高兴的时候，请微笑；不知所措的时候，记住微笑；面对挫折的时候，也不要忘了微笑……

笑对风雨，活出精彩

法国作家雨果说："笑，就是阳光，它能消除人们脸上的冬色。"不是吗，生活就像一面镜子，你给他以笑容，他也同样报你以笑容。

看到花开花落，南唐后主李煜低吟的是："落花流水春去也，天上人间"，而意气风发的毛泽东却会高唱出"看万山红遍，层林尽染"的豪迈。李后主在抑郁中客死他乡，而毛主席却组建了金戈铁马的队伍，开辟了一个新的"世纪"。难怪历来的成功学者一致认为，事物本身并不给你造成多大影响，你的一切成败皆来自于你对事物看法的影响。

人的一生，难免有坎坷，遇到困境，不可能一帆风顺。对生活充满信心的人，总能笑对这些不幸，用快乐抹平生活的创伤，活出一份精彩。试着别让"坏"的事物暗淡了你的眼睛，你的心灵才不会荒芜，你的前途才会越走越光明。

翠花的一生充满不幸，但她却并没有因此而痛苦一生，因为她的心总浸泡在希望的蜜汁中。19岁那年，她嫁给了邻村跑生意的强生，可结婚不到半年，跑到邻省进货的强生便如同泥牛入海，再也没有了音讯。村邻们纷纷猜测：有人说他死在了土匪的枪下，有人说他被抓了壮丁，还有人说他可能是病死他乡了……而那时，她已经有孕在身。

丈夫失踪几年以后，村里人都劝她改嫁，没有了男人，孩子又小，这日子可怎么过？她没有走。她说，丈夫生死不明，也许在很远的地方做了大生意，说不定哪一天发了大财就回来了。儿子在她的精心照顾下，健康地成长，家在她勤劳的双手支撑下，虽艰辛但不乏笑声。

日子就这样一天天地过去了，在她的儿子18岁的那一年，一支部队从村里经过，她的儿子参军走了。儿子说，他到外面去寻找父亲。

不料，儿子走后又是音讯全无。有人告诉她说儿子死在战场了。她不信，一个大活人怎么能说死就死呢？她甚至想，儿子不但没有死，而且当了大官，等打完仗，天下太平了，就会回来看她。

她还想，也许儿子已经娶了媳妇，给她生了孙子，回来的时候是一大家子人了。

虽然儿子依然杳无音信，但这个想象给了她无穷的希望。她比以前更勤劳，对生活更有劲头，在下田种地之余，还做绣花线的小生意，不停地奔走四乡，积累钱财。她告诉人们，她要挣些钱盖一院新房子，等丈夫和儿子回来的时候住。

有一年她得了大病，医生说她没有多大希望，但她最后竟奇迹般地活了过来。她说，她还不能就这样死了，儿子还没有回来呢。翠花一直健康地生活着，她不时念叨着，她的儿子生了孙子，她的孙子也该生孩子了。而想着这一切的时候，她那布满皱褶的核桃壳样的脸上，总会变成绣花一样绚烂多彩的花朵。翠花最终活到 102 岁，她是村上最不幸的女人，但却是最长寿的一位。

翠花的一生，我们无法用语言评述，然而，一直处于不幸遭遇的她，却用别人无法想象的"快乐思维"，使自己不但顽强地生存了下来，而且到了百岁的时候还笑得那样灿烂，那样美丽。可以说，这全都是遇事总往好处想的结果。

也许你会觉得要改变自己的性格并不是那么简单。这时候你不妨遇事光想好的一面，用积极的心态改变自己的性格，就如前面所讲的那个翠花一样。

有许多人的不快乐，其实并不是遇到多么不开心的事，而是只看到了消极的一面，并人为地把这种不开心放大了。所以，快乐的人遇事总往好处想，总能以乐观的态度对待生活。笑待他人。

任何人都有忧伤痛苦的时候，只是表现出来的方式是消极悲观或者积极对待罢了。如果选择了冷漠待人，便会觉得生活像是栅栏；选择了热情待人，便会觉得生活像是喷泉。

法国作家雨果说："笑，就是阳光，它能消除人们脸上的冬色。"不是吗，生活就像一面镜子，你给他以笑容，他也同样报你以笑容。

在人生的巅峰，事业有成、爱情美满时，我们当然可眉笑颜开，但更重要的是在挫折和困难面前，我们要保持笑容。因为，生活不相信弱者的眼泪，它只对乐观进取的人微笑，而在每个人的笑容背后蕴含的正是一种乐观的精神。它会给我们意志力、勇气和信心，是战胜困难的温柔而有力的"武器"。

第八章 磨炼心智，再苦也要笑一笑

有好的心情才会有好的未来

我们生活在这个世上，就要让每天都活得有声有色。所以我们就要调整好自己的心情，因为人不可能一点不愉快的事都不发生，但只要你能够正确去面对，就不会有什么烦恼而言了。

汤姆已经结婚 18 年多了，在这段时间里，从早上起来，到他要上班的时候，他很少对自己的太太微笑，或对她说上几句话。汤姆觉得自己是百老汇心情最差的人。

后来，在汤姆参加的继续教育培训班中，他被要求准备以微笑的经验发表一段谈话，他就决定亲自试一个星期看看。

现在，汤姆要去上班的时候，他记住要让自己的心情好起来，他就会强迫自己改变过去的形象，显得心情很好的样子对大楼的电梯管理员微笑着。说一声"早安"；他以微笑跟大楼门口的警卫打招呼；他也对地铁的检票小姐微笑；当他站在交易所时，他甚至对那些以前从没有见过自己微笑的人微笑。

汤姆很快就发现，每一个人也对他报以微笑。他以一种愉悦的心情，来对待那些满肚子牢骚的人。他一面听着他们的牢骚，一面微笑着，于是问题就容易解决了。汤姆发现微笑带给自己更多的收获，每天都带来更多的钞票，而且自己的心情感觉越来越愉快，每一天都让人很快乐，生活充满了幸福感。

汤姆跟另一位经纪人合用一间办公室，对方的职员之一是个很讨人喜欢的年轻人。汤姆告诉那位年轻人最近自己在心情方面的体会和收获，并声称自己很为所得到的结果而高兴。那位年轻人承认说："当我最初跟您共用办公室的时候，我认为您是一个非常闷闷不乐的，心情总是很糟糕的人。直到最近，我才改变看法：当您微笑的时候，充满了慈祥。"

是的，我们的心情会改变我们的形象，有了好的心情，我们就会多一点笑容，而我们的笑容就是我们好意的信使。我们的笑容能照亮所有看到它的人。对那些整天都看到皱眉头、愁容满面、视若无睹的人来说，我们的笑容就像穿过乌云的太阳；尤其对那些受到上司、客户、老师、父母或子女的压力的人，一个笑容能帮助他们了解一切都是有希望的，也就是世界是有欢乐的。而同时，因为我们的付出，因为我们的好心情为我们赢得了事业、尊重、友谊、爱情，甚至于我们的未来。

世界上的每一个人，都希望自己能够过上美满幸福的生活，希望自己能够有一个好的未来，受到别人的关注和尊重，其实这一切都很简单，学会微笑，学会给自己一个好心情。当我们抱怨为什么自己失败多于成功的时候，我们不妨反思一下，我们是不是心情差的时候多于好的时候。

第八章 磨炼心智，再苦也要笑一笑

身处逆境，以笑对待

> 不论阴云密布，不论阳光灿烂，都让我们时时刻刻保持乐观。乐观是如此简单，人人皆有；乐观是如此重要，可以冶心；乐观是如此有益，助人成事。

逆境中的微笑可以让人心平气和，不急不怒，能让人仔细分析所处困境，理清思路，找出解决办法，顺利渡过难关。从心理学的角度来讲，不利局面下能保持微笑会给竞争对手以极大的心理压力，此时的微笑会让对手心惊胆战，不寒而栗。顺境中的微笑也可以让人保持心态平静，戒骄戒躁，可以让人看清鲜花丛中的荆棘，看到阳光道上的陷阱，使人头脑清醒，继续勇往直前。

微笑是人生的一种境界，我们始终这样认为。

一个女人有一个最爱的人——她的侄儿。因为侄儿是她像亲儿子一样从小带大的。一次偶然，侄儿出了意外。那一天，女人接到一封电报，说她的侄儿已经永远不在了。

她悲伤得无以复加。除了这个侄儿，她没有子女。在这件事发生以前，她一直觉得生命是那么美好，有一份自己喜欢的工作，有一个心爱的侄儿。而现在，她的整个世界都粉碎了，觉得再也没有什么值得她活下去。她开始忽视自己的工作，忽视朋友，既冷淡又怨恨。她决定放弃工作，离开家乡，把自己藏在眼泪和悔恨之中。

就在她清理桌子、准备辞职的时候，突然看到一封侄儿以前写给她的信，上面有这样一段话："我永远也不会忘记那些你教我的真理：不论活在哪里，不论我们分离得有多么远，我永远都会记得你教我要微笑，要像一个男子汉一样承受所发生的一切。"

她把那封信读了一遍又一遍，觉得侄儿就在她的身边，正在向她说话：

"你为什么不照你教给我的办法去做呢？撑下去，无论发生什么事情，把你个人的悲伤藏在微笑底下，继续过下去。"

于是，她重新回到工作岗位，不再对人冷淡无礼。她一再对自己说："事情到了这个地步，我没有能力去改变它，但我可以乐观地对待它。"

是的，坎伯也曾经写道："我们无法矫治这个苦难的世界，但我们能选择快乐地活着。"

天底下没有绝对的好事和绝对的坏事，有的只是你如何选择面对事情的态度。如果你凡事皆抱着消极的心态来对待，那么就算让你中了一千万的彩金，也是坏事一桩。因为你害怕中了彩金之后，有人会觊觎你的钱财。

面对当今越来越复杂、越来越纷乱的社会，在背负巨大心理压力的同时，我们经常还会碰到各种各样的困难和挫折，如失业下岗、家庭变故、婚姻失败、学业不顺、经济困难等诸多问题。当这一切突如其来无法解决时，一切取决于我们内心是否强大。

是的，每个人的一生都会遇到诸多的不顺心，秉性柔弱的人在遇到困境时，看不到前途的光明，抱怨天地的不公，甚至破罐子破摔，在精神上倒下；而秉性坚忍的人在遇到困境时，能够泰然处之，认定活着就是一种幸福，无论是顺境还是逆境，都一样从容安静，积极寻找生活的快乐，不浪费生命的一分一秒，于黑暗之中向往光明，在精神上永远不倒。

其实，生活中很多事情真的降临到你头上，不管你愿不愿意接受，它都会来，这就要看你怎样对待它了。著名的台湾佛学大师海涛法师讲过：当今社会，不是让你去改变谁的时候，而是你要懂得学会接受，以一个好的心态坦然地接受它。当你凡事都以乐观的心态去面对的时候，你会惊讶地发现，无论多么大的困难，都不是可怕的，世界原来竟是那么的美好，我们的生活处处都充满了阳光。

享受每一个灿烂的今天

用心享受生活每一天吧，你会发现，生命因此变得厚重丰盈，趣味盎然！

很多人，整日忙于工作，忙于家务，忙于照顾家人，似乎每一天都在不停地奔波，他们的口头禅是"生活好累了，如果有一天闲下来，我一定要去……"他们有着无数享受生活的愿望，比如去做一次长途旅行，比如去舒舒服服地休个长假，比如好好跟密友待上几天，可是这些愿望总是因为这样或那样的原因不能实现。

不经意间，季节已悄然转换。当大雁开始南飞，当空中飘起飞雪，当爆竹再次响起，当柳树又吐新绿，日子已如白驹过隙。

无可疑问，快节奏的生活已经使得现代人整日步履匆匆，处于忙忙碌碌的状态。很多人被奔波忙碌打磨得疲惫麻木的心，渐渐忽略了生活中许多细小的却是真真切切的快乐。为了给孩子创造好的环境而极少有时间陪孩子聊天的母亲，似乎很少想过：孩子纯真的笑脸和成长的快乐并不会因此为你停留。为了所谓的事业打拼的女人，功成名就之后，可能会感到遗憾：劳累的身心不复回到从前。生活中的诱惑无处不在，因此而滋生的欲望没有穷尽，即便成功了，回首来路，也会发现沿途的风景——作为人生真谛和意义的过程被本末倒置地忽略了。就像王羲之在《兰亭集序》中所发的感慨："向之所欣，俯仰之间，已为陈迹，犹不能不以之兴怀。"

生活就是一个过程，她的美丽就展现在过程之中，展现在平平常常的日子里。只要用心，就会发现生活之美无处不在：清晨有朝阳的绚烂，黄昏有落日的静美；春有春的生机，夏有夏的妩媚，秋有秋的风情，冬有冬的含蓄，四季轮回，美景更换。这些难道不值得我们停下匆匆的脚步驻足赏玩吗？

风景并非都在远方，用心体会，一句温暖的问候，一个理解的眼神，一声稚嫩的呼唤，一朵绽放的花朵，都会带给你一份心灵的悸动。

人生是短暂的，我们只有全身心地享受每一天，才不会有人生易老的悲叹。因为我们虽然无法延长生命的长度，却可以拓宽生命的宽度。

用心享受生活每一天吧，你会发现，生命因此变得厚重丰盈，趣味盎然！

能够在清新的原野上自由地呼吸，能够在柔和的阳光下快乐地歌唱，心灵的负荷已经卸下，家园的旅程轻松而又奔放；白云是那样的轻盈洁白，星空是那样的辽阔美丽，水样的月光轻轻地摇荡着小小的船儿，佳人的浅唱低吟融入了悠悠的流水。一切都是神赐的浪漫和温馨，一切都让人陶醉！

这不是乌托邦的神话，更不是世外桃源的梦想，所有热爱生活并牢牢把握住生命的人，都会享有一个完美无缺的今天。哪怕人生的路途是那么短暂，哪怕死亡的挑战和尘世的纷争在叫嚣，只要我们抓住了分分秒秒，也算享尽人间春色。

享受每一天，这是《泰坦尼克号》主人翁杰克的一句名言。在滚滚红尘的世界，可以做到不为金钱所动，不为富贵所移，爱情的牵手完全出于心与心的呼唤，抛开了世俗的偏见，珍惜每一天拥有每一刻，这是真爱的风采啊，是爱情故事的光辉典范！一旦悲剧降临了，他们又以爱人的心去拯救别人，以爱人的心去温暖自己的所爱。

享受每一个灿烂的今天，并不是说要你"及时行乐"，真正的享受具有崇高的意境。奉献是一种享受，工作是一种享受，爱和被爱也是一种享受，情意的付出和回报更是人生的一大享受。

生命时光有限，日历撕了一页就少一天，而所有的梦想不会从天而降，今天你不去创造，今天你不抓住快乐的绳索，明天你就会遗憾终身。生命没有高低贵贱之分，只有人生的理念是否贴近了真爱的区别。如果你把自己的生命和幸福与他人的生命和幸福连在一起，珍爱别人也珍爱自己，你就可以走出无谓的纷争，实实在在地享受每一天。

"享受每一个灿烂的今天"就是把一天之中经历过的事情所得到的感受通通记在心里，因为有些事情可能一生之中只能经历一次，或者换句话说，给一个人感受最深的就是做某件事情的第一次，而这一次或者第一次的感觉是最真切的了。所以可以这样说。在每一天的每一次感受和每一种感觉都应当会让一个人感到兴奋和喜悦才对。每一个人的生命只有一次，所以，把握这一次生命中的每一天，才是人生最紧要的事情。

重拾童心，"简单"从事

我们很多人都怀念童年，怀念那一种不再回来的单纯，怀念那种现在缺失的无知。其实，我们流失的是那一颗童心，让我们重拾它吧，哪怕是偶尔，也会带给我们快乐，也许，快乐真的就这么简单！

杰瑞是个乐天派，不论遇到好事坏事，整天都笑笑嘻嘻的，好像一个孩子一样，家人说他是个长不大的孩子，整天没个正形。而他自己则说之所以能每天过得很开心，就是因为自己还是个"孩子"，还有一颗"童心"。

耶稣曾经抱起孩子告诫众人："除非你们改变，像孩子一样，你们绝不能成为天国的子民。因为天国的子民正是像他们这样的人。"

孩子是快乐的天使，幸福的吉祥物，和他们在一起，你会感到年轻许多。有的人说孩子之所以快乐，是因为他们只知道玩乐，而不用像大人们一样整天要考虑衣食住行。其实并非完全如此，孩子也有他们的心事，他们要考虑的事也很多，诸如：如何才能取悦家长，如何才能不让老师发现小秘密，和小朋友到哪去玩等等。他们之所以整天无忧无虑，一则是因为他们考虑事情不像大人那样复杂，只能"简单"从事，许多对于大人来讲毫无兴趣的事，在他们眼里却充满快乐与幸福。

有位老师曾问他七岁的学生："你幸福吗？"

"是的。我很幸福。"她回答道。

"经常都是幸福的吗？"老师再问道。

"对。我经常都是幸福的。"

"是什么使你感到如此幸福呢？"老师接着问道。

"是什么我并不知道，但是，我真的很幸福。"

"一定是什么事物带给你幸福的吧！"老师追问道。

"是啊！我告诉你吧，我的伙伴们使我幸福，我喜欢他们。学校使我幸福，我喜欢上学，我喜欢我的老师。还有，我喜欢上教堂，也喜欢学校和其中的老师们。我爱姐姐和弟弟。我也爱爸爸和妈妈，因为爸妈在我生病时关心我。爸妈是爱我的，而且对我很亲切。"

在孩子的眼中，一切都是美好的，身边的一切，小朋友、学校、教堂、爸妈等等都让她快乐。这是一种单纯形态的幸福，是人们在生活中苦难追寻的即使是最大幸福也无法比拟的。

孩子们快乐，还因为他们对任何事情都拿得起，放得下。和小朋友吵架了，不会跟大人一样，和谁闹翻了脸，便会老死不相往来，他们很快就会忘掉，不会记仇；挨家长训斥了，即使是哭了，也会很快就破涕为笑；受到老师批评了，他们也不会老是怀恨在心。他们当哭则哭，当笑则笑，受到表扬，便高兴得又蹦又跳，受到批评便掉泪珠，决不会掩饰和做作。

孔子说："三人行，则必有我师焉。"孔子本人不也曾向孩子请教太阳何时最大吗？孩子是我们学习的榜样，保持一颗童心，可以让我们返老还童。人一天天长大，往往会被世界的琐事烦扰不止，人越是成熟就越是复杂，因此童年时期的快乐心法是我们应该重新捡拾的。

虽然我们不能再回到童年的那个年龄，但我们可以经常回忆童年趣事、拜访青少年时期的朋友和同学、老师、母校。如果有机会还要去看一看童年家乡、玩耍的旧地，旧事重提，旧友相聚，那样我们才会重拾童真的快乐，重回纯洁无忌的开心时刻。

拥有一颗童心，就会像孩子一样快乐，拥有一颗童心，就会重拾童年时代的幸福。所以我们说即使我们的年龄一天天变老了，但是我们的心灵却不能变老。

第八章 磨炼心智，再苦也要笑一笑

第九章　轻装上阵，放弃也如花般美丽

　　放弃也是一种坚强，因为彻底拒绝一个方向，就永远不需要再浪费精力和判断，反而可以拥有更多的自我，那也是一种解脱。而实际上学会放弃要比学会坚持更难得，因为那需要更多的勇气和智慧。学会放弃，才能卸下人生的种种包袱，轻装上阵，迎接生活的转机，度过风风雨雨。懂得放弃，才拥有一份成熟，才会更加充实、坦然和轻松。

有一种坚强叫放弃

生活并不是一帆风顺，很多时候我们需要学会放弃。放弃不代表对生活的失职，它也是人生中的契机。然而学会放弃要比学会坚持更难得，因为那需要更多的勇气。现在我已经懂得了得与失的道理，明白了坚强也包含着放弃。

这个世界上有一种坚强叫作放弃，心中贪念使我们放不下，内心的欲望与执着使我们一直受缚，我们唯一要做的，只是将我们的双手张开，放下无谓的执着。放手，带来更大的释放。放弃，不代表对生活的失职，它也是人生中的契机。

有这样一道测试题：

在一个暴风雨的晚上，你经过一个车站，有三个人正在等公共汽车。一个是快要死的老人，好可怜的。一个是医生，他曾救过你的命，是大恩人，你做梦都想报答他。还有一个女人/男人，她/他是那种你做梦都想嫁/娶的人，也许错过就没有机会了。但你的车只能坐一个人，你会如何选择？请解释一下你的理由。

我不知道这是不是一个对人性格的测试，因为每一个回答都有他自己的原因。老人快要死了，你首先应该先救他。然而，每个老人最后都只能把死作为他们的终点站，你先让那个医生上车，因为他救过你，你认为这是个好机会报答他。同时有些人认为一样可以在将来某个时候去报答他，但是你一旦错过了这个机会，你可能永远不能遇到一个让你那么心动的人了。

在200个应征者中，只有一个人被雇佣了，他并没有解释他的理由，他只是说了以下的话，"给医生车钥匙，让他带着老人去医院，而我则留下来陪我的梦中情人一起等公车！"

每个我认识的人都认为以上的回答是最好的，但是其他的任何一个人（包括我在内)一开始都没想到。

是否是因为我们从未想过要放弃我们手中已经拥有的优势(车钥匙)？有时，如果我们能放弃一些我们的固执、偏狭和一些优势的话，我们可能会得到更多。

"心灵改革"言犹在耳，大家真要好好地想想，我们到底需要的是什么？是不是有些东西是可以放下的？

印度诗人泰戈尔曾说："在我的生命中有些地方是空白的、闲静的，这些地方都是空旷之区，我忙碌的日子便在那里得到了阳光与空气。"

能舍是领略素朴之美的首要件，舍弃过多的繁文缛节，包装文饰，让被五光十色、缤纷斑斓刺激得麻木的心灵，能完全释放出来，回到纯粹真实的感觉。这种返朴归真及对素朴之美的向往，不是无知盲从，而是一种生命的自觉圆满和对感官泛滥的省思，全然发自内在的心悦诚服，陶然自得。

有人说，生命是一支铅笔，总是越削越短；也有人说，生命是一根蜡烛，总会燃尽。无论生命是什么，它所证明的只有一个意思：这世上有太多的东西可以重复，唯有生命，一去不返，永不循环！与生命本身相比，浮华名利，外在的不幸遭遇是不是很轻薄？

不要贪图浮华名利，它必然会束缚你的手脚，阻碍你前进的步伐，你的生命将会因此而失色。实质上，你的生命的存在已经没有意义。所以，该放弃的就要放弃，那样的你才能轻装前进，你的步伐显得那样的轻盈，你的速度会令人感到如此惊诧，当然，目标也就离你越来越近。在别人羡慕的目光中，你的人生因此而精彩。

第九章　轻装上阵，放弃也如花般美丽

放弃是一种智慧

　　生命之中，会遇到各种各样的选择与诱惑，不属于我们自己的有太多太多，人只有一双手，能握住的总是有限的。我们应该学会选择，也要学会放弃。放弃不是一种无奈，也不是一种无为，其实理智与正确的放弃，是一种成熟，更是一种智慧。

　　放弃是一种智慧。有选择就有放弃，学会放弃也是一种生命的超脱。放弃不是一种失落，而是一种收获。或许你放弃了一样东西时，也就注定你将得到新的东西。

　　有时我们总羡慕别人的洒脱与自由，也妒忌别人那份能笑对一切的心境，其实这一切皆因别人学会了如何去选择放弃。放弃给人以淡然，放弃给人以冷静，放弃也给人思考。因为生活之中，太多时候我们必须得学会放弃！

　　学会放弃，是让人于思考与正视中分辨真伪，学会放弃，是一种理性与睿智，也是一种豁达与清醒。

　　非洲土人会用一种奇特的狩猎方法捕捉狒狒：在一个固定的小木盒里面，装上狒狒爱吃的坚果，盒子上开一个小口，刚好够狒狒的前爪伸进去，狒狒一旦抓住坚果，爪子就抽不出来了，人们常常用这种方法捉到狒狒。因为狒狒有一种习性，不肯放下已经到手的东西。

　　人们总会嘲笑狒狒的愚蠢，为什么不松开爪子放下坚果逃命呢？但人们为什么没有审视一下自己呢？并不是只有狒狒才会犯这样的错误。

　　其实，人的欲望也是如此。因为舍不得放弃到手的职务，有些人整天东奔西跑，荒废了正当的工作；因为舍不得放下诱人的钱财，有人费尽心思，不惜铤而走险；因为舍不得放弃对权力的占有欲，有些人热衷于溜须拍马、行贿受贿；因为舍不得放弃一段情感，有些人宁愿岁月蹉跎……人总是这样，总是希望拥有一切，似乎拥有的越多，人越快乐。可是，突然有一天，我们忽然惊觉：我们的忧郁、无聊、困惑、无奈，都是因为我们渴望拥有的东西太多了，或者太执着了。不知不觉中，我们已丧失了一切本源的快乐。

一个人，背着包袱走路总是很辛苦的，该放弃时就应果断地放弃，生活中有得必有失，正所谓："失之东隅，收之桑榆"。静观世间万物，体会与世一样博大的诗意，适当地有所放弃，这正是获得内心平衡，获得快乐的好方法。

生命如舟，人的一生载不动太多的物欲和奢求。放弃那些根本不可能实现或带你走上悲剧性道路的欲念吧？不然，生命之舟就有沉没的危险。而在放弃之后，你会发现人生更加轻松而坚强！

放弃那段令你困惑烦恼的情感吧，既然那段岁月已悠然遁去，既然那个背影已渐行渐远，又何必在一个地点苦苦守望呢？挥一挥手，果断地放弃，勇敢地向前走，前方，有更美的缘分之花在专门为你开放！

学会放弃吧！放弃失恋的痛楚，放弃受辱后仇恨，放弃满腹的幽怨，放弃心头难以言说的苦涩，放弃费神的争吵，放弃对权力的角逐，放弃名利的争夺……

生活中，外在的放弃让你接受教训，心理的放弃让你得到解脱，生活中的垃圾既然可以不皱一下眉头就轻易丢掉，情感上的垃圾也无须抱残守缺。

学会放弃吧，朋友，在物欲横流的今天，许多事情需要你做出选择，而有选择就有放弃。要想得到野花的清香，必须放弃城市的舒适；要想达到梦的彼岸，必须放弃清晨甜美的酣睡；要想要重拾往日羊肠小道的温馨，必须放弃开阔平坦的公路……人生苦短，若想获得，必须放弃，放弃，让你可以轻装前进，忘记旅途的疲惫和辛苦；放弃，可以让你摆脱烦恼忧愁，整个身心沉浸在悠闲和宁静中。

放弃不仅能改善你的形象，使你显得豁达豪爽；放弃也会使你赢得朋友的依赖，使你变得完美坚强；放弃会带给你万众瞩目，使你的生命绚丽辉煌；放弃会使你变得聪明、能干，更有力量。

学会放弃吧，凡是次要的，枝节的，多余的，该放弃的都放弃吧！

放弃也是一种解脱

放弃使人的心灵得到放松、解脱，更会使人产生一种"向前进"、对生活有了期待。哲学说"矛盾是时刻存在的"，因此我们看问题要学会把事物一分为二，用科学正确的眼光看待问题，这样才能真正体验到生活的美好。

现实生活中偏偏有很多人放不下：因为舍不得放弃到手的职务，有些人整天东奔西跑，荒废了正当的工作；因为舍不得放下诱人的钱财，有人费尽心思，不惜铤而走险；因为舍不得放弃对权力的占有欲，有些人热衷于溜须拍马、行贿受贿；因为舍不得放弃一段情感，有些人宁愿岁月蹉跎……人总是这样，总是希望拥有一切，似乎拥有的越多，人越快乐。可是，突然有一天，我们忽然惊觉：我们的忧郁、无聊、困惑、无奈，都是因为我们渴望拥有的东西太多了，或者太执着了。不知不觉中，我们已丧失了一切本源的快乐。

我们肩上的重担，心上的压力，岂止手上的花瓶？这些重担与压力，可以说使人生活过得非常艰苦。必要的时候，佛陀指示的"放下"，不失为一条幸福解脱之道！

我们常说"拿得起，放得下"，其实，所谓"拿得起"，指的是人在踌躇满志时的心态，而"放得下"，则是指人在遭受挫折或者遇到困难或者办事不顺畅以及无奈之时应采取的态度，一个人来到世间，总会遇到顺逆之境、迁调之遇、进退之间的各种情形与变故的。范仲淹说"不以物喜，不以己悲"，有了这样一种心境，就能对大悲大喜、厚名重利看得很小很轻很淡，自然也就容易"放得下"了。

是啊，该放弃的不放弃，有时候反而是你的一种负累，你什么都想拥有，最终有可能一无所有。生活给予你的是有限的生命，有限的资源，所以你必须放弃一些不该拥有的，选择一些适合你自己应该拥有的，想拥有的太多，你的生命将何以堪？选什么也不愿放弃的人，常常会失去更有价值的东西。

不要把你的生命浪费在最终要化为灰烬的东西上，放弃那些不适合自己去充当的角色，放弃束缚你手脚的那些沉重包袱。用你旺盛的精力和灵光的智慧去追求你真正应该有的东西，十分努力地做好自己应该做的事情，追求自己的人生目标，实现自己的人生价值。

你是否抱怨生活太累太累，其实是你没有学会有所放弃，你何不尝试放弃一些包袱和拖累，而轻装前进呢？

放弃那些包袱和烦恼，你就会心情放松。放弃会使你变得更精明，更能干，更有力量。你可以从自身的条件和所处的环境出发，做你自己力所能及的事情，倘若有不切实际的事情，那你就要勇于放弃。因为放弃是走向生活的另一个起点，放弃并不意味着失败，而是另一个希望的诞生。

现在的放弃，是为了将来的得到，放弃这个，是为了得到那个。

一个人，背着包袱走路总是很辛苦的，该放弃时就应果断地放弃，生活中有得必有失，正所谓："失之东隅，收之桑榆"。静观世间万物，体会与世一样博大的诗意，适当地有所放弃，这正是获得内心平衡，获得快乐的好方法。

生命如舟，人的一生载不动太多的物欲和奢求。放弃那些根本不可能实现或带你走上悲剧性道路的欲念吧？不然，生命之舟就有沉没的危险。而在放弃之后，你会发现人生更加轻松而坚强！

第九章　轻装上阵，放弃也如花般美丽

放弃更是一种美丽

　　学会放弃，以求精神愉悦；学会放弃，以求人格独立；学会放弃，以求心理安全；学会放弃，以轻装前进是我们每一个人都有应修炼好的基本功。不能得到的，我们必须坦然地放弃。

　　多年来，一直坚持看王小丫主持的《开心辞典》，觉得这个节目是个非常需要智慧与机遇的节目，因为每达成某个梦想后，挑战者都会面临两种选择：一个是继续，一个是放弃。如果继续，结果会有两种：要么成功，圆了新的梦想；要么失败，又退回到起点。不进则退，不会让你保持原本取得的成绩。这种规则不但是游戏规则，也很像是我们的人生规则。

　　曾经有一次看《开心辞典》。答题人相当幸运，一路顺利地答到了第九题。他怀孕的妻子就在台下，而此时，去掉个错误答案、打热线给朋友、求助现场观众，他都用过了。答完第九题，当他把自己设定的家庭梦想都实现后，小丫微笑着问："继续吗？""不，我放弃！"他干脆地回答。

　　我一愣，王小丫也一愣，我想在现场的观众以及在电视机前的观众也会一愣。因为很少有人会在这时候放弃，全国观众都盯着你呢，怎能说放弃就放弃？别人又会怎样看待你的"退缩"呢？但他似乎心意已决，小丫连问了三次"真的放弃吗？不会后悔？"他依然点头，坚定地说，真的放弃，我不会后悔，因为应该得到的已经得到了。这样，他就只回答了9道题，没有冲向完美的终点。

　　另一位主持人李佳明又问："如果将来你的孩子问你，爸爸，那天你在《开心辞典》为什么放弃了，你会怎么说？"他说："我会告诉孩子，人生不一定要走到最高点。"李佳明追问："那你的孩子如果说，我以后只考80分就满足了，你怎么说？"答题者微笑着回答："如果孩子觉得高兴，而且也付出了应该付出的努力，那么我认同！"

此言未落，台下已是掌声雷动。显然，大家都被他这种明朗的人生态度和宽广的胸襟打动了。在理智面前，适时的放弃并不是退缩，而是一种冷静的智慧，一种成熟的象征。很多时候，成熟并不意味着你更加懂得去珍惜什么，而是你更加明白了适时放弃的重要。有舍才有得，这是放弃之美！

明白的人懂得放弃、真情的人懂得牺牲、幸福的人懂得超脱！

对于爱情或者婚姻更有拿起与放弃的艰难抉择，而这两者也是人心中天平上最重的那块砝码。可能放弃，是一种无奈，非常痛苦，也不乏是一种深沉的美。但也不乏是一种智慧。因为，放弃之后也许会得到更多。

缘生缘来，缘起缘落。两个本陌生的人由于某根红线相识于美丽的空间，一切是那么美好。在海边，雨过天晴的七色彩虹映着你幸福的笑脸，你挥洒着汗珠大声感叹"海内存知己，天涯若比邻"；在熙熙攘攘的人群中望不见她的身影，你会发短信问"我怎么看不见你了"，你不想让她离开你的视线；在香山的山头，我们会为坐不坐缆车而打赌，争着抢着去爬到最高点……真的，真的不希望这一切是梦。可美丽的梦都是容易破碎的，美好的只能远远地欣赏，不能占为己有。

爱一个人，就是要他幸福、快乐，即使要选择放弃！

当你想起每一次为他放弃的一点一滴，放弃某一个心仪已久却无缘的朋友，放弃某种投入却得不到回报的事，放弃某种心灵的期望，放弃某种思想，或许你都会生一种莫名的伤感，其实伤感并不可怕。因为这是一种告别与放弃。

凡事不必太在意，更不需去强求，就让一切随缘。逃避，不一定躲得过；面对，不一定最难过；孤独，不一定不快乐；得到，不一定能长久；失去，不一定不再拥有。可能因为某个理由而伤心难过，但，你却能找个理由让自己快乐，两个人不能快乐，不如一个人快乐；两个人痛苦，不如成全一个人的快乐。

放下就会赢得快乐

　　佛家说："要眠即眠，要坐即坐"，是多么自在的快乐之道啊，倘使你总是"吃饭时不肯吃饭，百种需索，睡眠时不肯睡，千般计较"，这样放不下，你又怎能快乐呢？

　　两个和尚一道到山下化斋，途经一条小河，两个和尚正要过河，忽然看见一个妇人站在河边发愣，原来妇人不知河的深浅，不敢轻易过河。一个年纪比较大的和尚立刻上前去，把那个妇人背过了河。两个和尚继续赶路，可是在路上，那个年纪较大的和尚一直被另一个和尚抱怨，说作为一个出家人，怎么能背个妇人过河，甚至又说了一些不好听的言语。年纪较大和尚一直沉默着，最后他对另一个和尚说："你之所以到现在还喋喋不休，是因为你一直都没有在心中放下这件事，而我在放下妇人之后，同时也把这件事放下了，所以才不会像你一样烦恼。"

　　放下是一种觉悟，更是一种心灵的自由。

　　只要你不把闲事常挂在心头，你的世界将会是一片光风霁月，快乐自然愿意接近你！

　　其实，生活原本是有许多快乐的，只是我辈常常自生烦恼，"空添许多愁。"许多事业有成的人常常有这样的感慨：事业小有成就，但心里却空空的。好像拥有很多，又好像什么都没有。总是想成功后坐豪华邮轮去环游世界，尽情享受一番。但真正成功了，仍然没有时间没有心情去了却心愿。因为还有许多事情让人放不下……

　　对此，台湾作家吴淡如说得好：好像要到某种年纪，在拥有某些东西之后，你才能够悟到，你建构的人生像一栋华美的大厦，但只有硬体，里面水管失修，配备不足，墙壁剥落，又很难找出原因来整修，除非你把整栋房子拆掉。你又舍不得拆掉。那是一生的心血，拆掉了，所有的人会不知道你是谁，你也很可能会不知道自己是谁。

仔细咀嚼这段话，其中的味道，我辈不就是因为"舍不得"吗？

很多时候，我们舍不得放弃一个放弃了之后并不会失去什么的工作，舍不得放弃已经走出很远的种种往事，舍不得放弃对权力与金钱的角逐……于是，我们只能用生命作为代价，透支着健康与年华。不是吗？现代人都精于算计投资回报率，但谁能算得出，在得到一些自己认为珍贵的东西时，有多少和生命休戚相关的美丽像沙子一样在指掌间溜走？而我们却很少去思忖：掌中所握的生命的沙子的数量是有限的，一旦失去，便再也捞不回来。

佛家说："要眠即眠，要坐即坐"，是多么自在的快乐之道啊，倘使你总是"吃饭时不肯吃饭，百种需索，睡眠时不肯睡，千般计较"，这样放不下，你又怎能快乐呢？

庄子云："人生如白驹过隙。"哲人的结论难道不能使人有些启迪吗？我辈何不提得起，放得下，想得开，做个快乐的自由人呢？

第九章 轻装上阵，放弃也如花般美丽

人生就要懂得放弃

人来到世界上，本来就是赤条条的。于是我们不必担心什么，放弃是一种你我都有的权利。懂得放弃是人生的大智慧，适时的放弃是自知与明智的美丽结晶。有选择，有放弃，这才是完美的人生。

放弃是一种开始。人生有太多的诱惑，不懂放弃就只能在诱惑的旋涡中丧生；人生有太多的欲求，不懂放弃就只能任欲求牵着鼻子走；人生有太多的无奈，不懂放弃就只能与忧愁相伴。

一位搏击高手参加锦标赛，自以为稳操胜券，一定可以夺得冠军。

出乎意料之外，在最后的决赛中，他遇到一个实力相当的对手，双方竭尽全力出招攻击。当对方打到了中途，搏击高手意识到，自己竟然找不到对方招式中的破绽，而对方的攻击却往往能够突破自己防守中的漏洞，有选择地打中自己。

比赛的结果可想而知，这个搏击高手惨败在对方手下，也无法得到冠军的奖杯。

他愤愤不平地找到自己的师父，一招一式地将对方和他搏击的过程再次演练给师父看，并请求师父帮他找出对方招式中的破绽。他决心根据这些破绽，苦练出足以攻克对方的新招，决心在下次比赛时，打倒对方，夺取冠军的奖杯。

师父笑而不语，在地上画了一道线，要他在不能擦掉这道线的情况下，设法让这条线变短。

搏击高手百思不得其解，怎么会有像师父所说的办法，能使地上的线变短呢？最后，他无可奈何地放弃了思考，转向师父请教。

师父在原先那道线的旁边，又画了一道更长的线。两者相比较，原先的那道线，看来变得短了许多。

师父开口道："夺得冠军的关键，不仅仅在于如何攻击对方的弱点，正如地上的长短线一样，如果你不能在要求的情况下使这条线变短，你就要懂得放弃从这条线上做文章，寻找另一条更长的线。那就是只有你自己变得更强，对方就如原先的那道线一样，也就在相比之下变得较短了。如何使自己更强，才是你需要苦练的根本。"

徒弟恍然大悟。

师父笑道：搏击要用脑，要学会选择，攻击其弱点，同时要懂得放弃，不跟对方硬拼，以自己之强攻其弱，你就能夺取冠军。

在获得成功的过程中，在夺取冠军的道路上，有无数的坎坷与障碍，需要我们去跨越、去征服。人们通常走的路有两条：一条路是学会选择攻击对手的薄弱环节。正如故事中的那位搏击高手，可找出对方的破绽，给予其致命的一击，用最直接，最锐利的技术或技巧，快速解决问题；另一条路是懂得放弃，不跟对方硬拼，全面增强自身实力，在人格上、在知识上、在智慧上、在实力上使自己加倍地成长，变得更加成熟，变得更加强大，以己之强攻敌之弱，使许多问题迎刃而解。

及时放弃，放弃得当，勇于放弃。明天，你的太阳会在明朗的天空蓬勃火红升起；明天，你的人生花园，有了赏心悦目的规划清理；明天，你家园的土地，会有一片清静和平旺盛生长的新气象。

放弃，其实是一种新的开始。

有一种错误叫固执

过于固执就无法与人沟通，会使你处于孤立无援、举目无友的境地，最终导致怀疑自己的能力，动摇甚至丧失自信。

有这样一则寓言：

有只乌鸦，口渴极了，可是附近没有水，只有一只被小孩丢弃的长颈小瓶，瓶里盛有半瓶雨水。乌鸦伸过嘴去，可是瓶口很小，瓶颈很长，它喝不到。于是乌鸦想了一个办法，把一颗颗小石子投进瓶里去，这样，瓶里的水升高了，乌鸦很轻松地喝到了水。

这件事，后来被寓言大师伊索写进了寓言，传遍了全世界，乌鸦也因此出了名，自然洋洋得意。

这只乌鸦是个有名的旅游爱好者。有一次，它飞到一个村庄去看热闹，这儿正发生干旱，溪水完全干了，田里开了裂缝。它渴极了，可是四处找不到水喝。忽然，它在村子后面发现了一口井，低头往里面一看，井口小，井很深，但井底有水，模模糊糊地映照出它站在井洞上的身影。

它试着想飞下去，可几次都碰到井壁上，眼儿冒出金星，只好又回到井台上来。

忽然，它想到自己曾经"投石入瓶喝水"的光荣事迹，不禁高兴地叫道："呱！呱！我怎么把这经验忘了？"

于是它用嘴衔来一颗颗石子，都投到了水井里，谁知投了半天，井水仍然没有上来，树上的喜鹊说："喳喳！乌鸦先生，您别忙了，这是水井，不是您原先的那个长颈瓶子，怎么还是用那个老办法呢？喳喳！"

"你懂什么？呱呱！"乌鸦不屑地斜了喜鹊一眼，"我的方法是经过专家鉴定的，上过寓言作家的书本，到哪里都可以用，放之四海而皆准，怎么会'老'呢？哇！哇！"

乌鸦继续向井里投石子……

那结果，我想大家会想得到了。

有一种错误，叫固执，思维定式一旦形成，有时是很悲哀的。这就是我们要不断学习新知识、新观念的原因之一。形势在不断变化，必须关注这些变化并调整行为。一成不变的观念将带来毫无生机的局面。

有些人对于约定俗成的规则，通常都是严格遵循而不敢打破的。但如果你能对其多问几个"为什么"，就会发觉其中会有不可理解也没有必要再存在的陋规。事物总是不断发展变化的，如果一成不变地凭老经验办事，不注意发现新情况，就免不了会吃大亏。所以一个人要想在学习或事业上有所成就，一定要适应环境变化以及适应新环境的能力，否则，对于新生事物觉察不到，最终会被环境所逐渐淘汰。

一个民族最危险的是墨守成规，因循守旧，不敢变革；一个人最糟糕的是得过且过，不思进取。要打造生存的资本，就必须破除惰性，乐于接受各种新的挑战；要有实验精神，敢于废除固定的行事风格；主动前进，对每件事都要研究如何改善，对每件事都要订出更高的标准。为了改变我们的生存方式，增加我们的生存资本，我们就要敢于突破，敢于否定自己，敢于创造新生活。

只有不断创新，才能持续成功！

21世纪，人类社会已经进入了"信息社会""知识社会"和"学习化的社会"。信息全球化，通讯传媒高度发达，知识迅速增长和更新，新科学新技术层出不穷。科学推动了世界的进步，世界也在向人们呼唤：现代人需要终身学习。21世纪带给人们的是前所未有的磨炼和超越的机遇、抉择和改变的权力，同时，又意味着每个人的生存都将面临着极大的挑战。

"创新是一个民族进步的灵魂，是一个国家兴旺发达的不竭动力。""一个没有创新能力的民族，难以屹立于世界先进民族之林。"可见，培养创造型人才是当前形势的迫切需要。但是目前我国教育的缺陷是学生缺乏创造性思维能力。我们的学生对现成的文化科学成果只满足理解、掌握、运用，根本没有意识到创新。这样培养出来的人是很难在社会上立足的。因为21世纪是创新主导一切的世纪。它需要的是创新意识强、创造能力高的高素质的人才。创新的机会无处不在，无处不有。

退后一步也许柳暗花明

生活中，有太多的事需要我们退一步，退一步才能拥有柳暗花明的豁然，退一步才能赢得海阔天空的豪迈，退一步才能摆脱只缘身在此山中的局限，退一步才能避免成为笼中之鸟的悲哀。圣人如此，更何况你呢？

流水在奔流大海的途中，需要退步绕行以冲出重围；运动员在三级跳远之前，需要退步助跑以跳得更远。所以，当你遇到困难时，退一步，或许你的人生会更加精彩。这条路虽然行不通，但是终究还可以再寻找另一条路，人生没有死胡同。人生虽然短暂，但在这有限的时间里后面的路还算很长。

智者曰："两弊相衡取其轻，两利相权取其重。"趋利避害，这也正是放弃的实质。

在欧洲，有一首流传很广的民谚：为了得到一根铁钉，我们失去了一块马蹄铁；为了得到一块马蹄铁，我们失去了一匹骏马；为了得到一匹骏马，我们失去了一名骑手；为了得到一名骑手，我们失去了一场战争的胜利。

这一民谚，说的正是不懂得及早放弃的恶果。

生活中，有时不好的境遇会不期而至，搞得我们猝不及防，这时我们更要学会放弃。放弃焦躁性急的心理，安然地等待生活的转机，杨绛在《干校六记》中所记述的，就是面对人生际遇所保持的一种适度的跳高。让自己对生活对人生有一种超然的关照，即使我们达不到这种境界，我们也要在学会放弃中，争取活得洒脱一些。

人之一生，需要我们放弃的东西很多，古人云，"鱼和熊掌不可兼得"。如果不是我们应该拥有的，我们就要学会放弃。几十年的人生旅途，会有山山水水，风风雨雨，有所得也必然有所失，只有我们学会了放弃，我们才拥有一份成熟，才会活得更加充实，坦然和轻松。

比如大学毕业分手的那一刻，当同窗数载的朋友紧握双手，互相轻声说保重的时候，每个人都止不住泪流满面……放弃一段友谊固然会于心不忍，但是每个人毕竟都有各自的旅程，我们又怎能长相厮守呢？固守着一位朋友，只会挡住我们人生旅程的视线，让我们错过一些更为美好的人生山水。学会放弃，我们就有可能拥有更为广阔的友情天空。

放弃一段恋情也是困难的，尤其是放弃一场刻骨铭心的恋情。但是既然那段岁月已悠然遁去，既然那个背景已渐行渐远，又何必要在一个地点苦苦地守望呢？不如冷静地后退一步，学会放弃，一切又会柳暗花明。

当生活强迫我们必须付出惨痛的代价之前，主动放弃局部利益而保全整体利益是最明智的选择。

第九章 轻装上阵，放弃也如花般美丽

退才能更好地进

关键时刻，不要一味向前冲，要懂得以退为进的道理。

巧妙的退让，会有意想不到的收获。为人处世要有礼让的态度方显高明。与人方便，自己方便。让人也为自己日后留下方便的基础。也许，可以礼让，但难得的是坚持到底的风度。

一个绅士过独木桥，刚走几步便遇到一个孕妇。绅士很礼貌地转过身回到桥头让孕妇过了桥。孕妇一过桥，绅士又走上了桥。走到桥中央又遇到了一位挑柴的樵夫，绅士二话没说，回到桥头让樵夫过了桥。

第三次绅士再也不贸然上桥，而是等独木桥上的人过尽后，才匆匆上了桥。眼看就到桥头了，迎面赶来一位推独轮车的农夫。绅士这次不甘心回头，摘下帽子向农夫致敬："亲爱的农夫先生，你看我就要到桥头了，能不能让我先过去。"农夫不肯，把眼一瞪，说："你没看我推车赶集吗？"话不投机，两人争执起来。

这时河面上浮来一叶小舟，舟上坐着一个胖和尚。和尚刚到桥下，两人不约而同请和尚为他们评理。和尚双手合十，看了看农夫。问他："你真的很急吗？"农夫答道："我真的很急，晚了便赶不上集了。"

和尚说："你既然急着去赶集，为什么不尽快给绅士让路呢？你只要退那么几步，绅士便过去了，绅士一过，你不就可以早点过桥了吗？"

农夫一言不发，和尚便笑着问绅士："你为什么要农夫给你让路呢，就是因为你快到桥头了吗？"绅士争辩道："在此之前我已给许多人让了路，如果继续让农夫的话，便过不了桥了。"

"那你现在是不是就过去了呢？"和尚反问道："你既已经给那么多人让了路，再让农夫一次，即使过不了桥，起码保持了你的风度，何乐而不为呢？"绅士满脸涨得通红。

人生旅途中，我们是不是有过类似的遭遇呢。其实给别人让路，也是在给自己让路啊！人生就应少一些争夺与计较之类的不良之举。因为它们会搅乱那美好的旅途。

记住：给人让路，也是给自己选择了一条路，这条路上到处充满友善与爱。

我们常常看到一些人为微不足道的小事而恶语相交，这些人即使年过花甲，仍要重返学校就读！忍让和退缩不是懦弱，而是一种刚强，是一种有效的以退为进的方法。它表面是软弱的退缩，实质是进攻，退是为了更好地进。

所谓物极必反，遇事若能先低头，然后以退为进，可能会有更大的收获。

有一位留学美国的计算机博士，毕业后在美国找工作，结果接连碰壁，许多家公司都将这位博士拒之门外。这样高的学历，这样吃香的专业，为什么找不到一份工作呢？万般无奈之下，这位博士决定换一种方法试试。

他收起了所有的学位证明，以一种最低身份再去求职。不久他就被一家电脑公司录用了，做一名最基层的程序录入员。这是一份稍有学历的人都不愿去干的工作，而这位博士却干得兢兢业业，一丝不苟。没过多久，上司就发现了他的出众才华，他居然能看出程序中的错误，这绝非一般录入人员所能比的。这时他亮出了自己的学士证明，老板于是给他调换了一个与本科毕业生对口的工作。

过了一段时间，老板发现他在新的岗位上游刃有余，还能提出不少有价值的建议，这比一般大学生高明，这时他才亮出自己的硕士身份，老板又提升了他。

有了前两次的经验，老板也比较注意观察他，发现他还是比硕士有水平，对专业知识认识的广度与深度都非常人可及，就再次找他谈话。这时他才拿出博士学位证明，并叙述了自己这样做的原因。此时老板才恍然大悟，毫不犹豫地重用了他，因为对他的学识、能力和敬业精神都很了解了。

你可以像那绅士与农夫一样"执着"，也可以像那个博士一样懂得"退一步"的艺术。有的时候，一念之差就会带来天壤之别的结局。处世的智慧就在于你懂不懂得退一步海阔天空，不去做无谓的坚持。

输得起才是真英雄

每个人都希望无论何时何地都站在适合自己的位置上，说着该说的话，做着该做的事。但不经过挫折磨炼的人是不可能达到这种境界的，人总要从自己的经历中汲取营养的。所以，做人要输得起。输不起，是人生最大的失败。

巨星张国荣跳楼自杀的事件，他有"上帝完美创造物"的美称，影歌双栖，成就非凡，也是人缘极佳的"好哥哥"，但纵使他有辉煌的成就和智能，少了面对困难的思维，一切都只能化为云烟。

人生就犹如战场。我们都知道，战场上的胜利不在于一城一池的得失，而在于谁是最后的胜利者，人生也是如此，成功的人不应只着眼于一两次成败，而是应该不断地朝着成功的目标迈进。当然，一两次的失败确实可能使你血本无归，甚至负债累累。

最要紧的是不应该泄气，而是应该从中吸取教训，用美国股票大亨贺希哈的话讲，"不要问我能赢多少，而是问我能输得起多少"。只有输得起的人，才能不怕失败。

所以，人生不妨惨烈地死一回。如果你已经超过 30 岁，在事业或工作上还没有遭遇任何重大挫败的话，那你快没时间了。

每个人都该在 40 岁之前至少重重失败过一次。这指的不是小小的失望，比如搞砸一项任务，也不是辞掉一份好工作，更不是被炒鱿鱼。一定要是很严重的失败。敢冒大险，才可能跌得重；跌得越重，以后才有可能爬得越高。

"wrong"的反义词不应是"right"，而是"learn"；你能够正视自己的"错误"以后，自然对他人也变得宽容，有耐心。

生物学家说，飞蛾在由蛹变茧时，翅膀萎缩，十分柔软；在破茧而出时，必须要经过一番痛苦的挣扎，身体中的体液才能流到翅膀上去，翅膀才能充实有力，才能支持它在空中飞翔。

一天有个人凑巧看到树上有一只茧开始活动，好像有蛾要从里面破茧而出，于是他饶有兴趣地准备见识一下由蛹变蛾的过程。

但随着时间的一点点过去，他变得不耐烦了，只见蛾在茧里奋力挣扎，将茧扭来扭去的，但却一直不能挣脱茧的束缚，似乎是再也不可能破茧而出了。

最后，他的耐心用尽，就用一把小剪刀，把茧上的丝剪了一个小洞，让蛾出来可以容易一些。果然，不一会儿，蛾就从茧里很容易地爬了出来，但是那身体非常臃肿，翅膀也异常萎缩，耷拉在两边伸展不起来。

他等着蛾飞起来，但那只蛾却只是跌跌撞撞地爬着，怎么也飞不起来，又过了一会儿，它就死了。

"不经历风雨，怎能见彩虹"，任何一种成功的获得都要经由艰苦的磨炼，"梅花香自苦寒来，宝剑锋从磨砺出"。任何投机取巧或妄图减少奋斗而达到目的的做法都是见识短浅的行为，那只飞不起来的飞蛾的经历就证明了这一切。

当然，我们不一定非要真正经历一次重大的失败，只要我们做好了认识失败的准备，"体验失败"一样能够带来刻骨铭心的教训，而那失败的起点比那些从来没有过失败经历的人要高得多，并且失败越惨痛，起点则越高。

只有惨烈地死过一回的人，才能获得更好的更为成功的新生。

第十章　顺其自然，不妨跟不完美和解

　　任何过于注意不完美的行为都会将我们从慈善柔和的目标上拉开。要认识到尽管总有更好的做事方式，但这并不意味着你就不能喜爱和欣赏它的现状。此处的解决之道便是：当你陷入旧习，坚持认为事物应当有所不同时，截住你自己，温和地提醒自己此刻的生活没有什么不好。

顺其自然，不刻意强求

人不要去强求不属于自己的东西，要学会顺其自然。有的人违背规律去办事，就会进步艰难，而有的人顺应规律，就会得心应手，一路坦途。

每件事物都是有着两面性的，顺其自然亦是如此，不过人们多是关注它的消极而忘却它积极的一面。它积极的一面便是督促人能够尽其所能而为之，不能不在乎结果，不能不在乎名利，但不能过分追求这些东西，否则你会由此失去生活中的许多乐趣——就是如何能够做到既奋斗又不过分追求名利，如何把握这个"度"实在是难矣。

"顺其自然"是一种很无奈条件下的自我安慰。人不要去强求不属于自己的东西，要学会顺其自然。有的人违背规律去办事，就会进步艰难，而有的人顺应规律，就会得心应手，一路坦途。

有这样一则寓言，说从前，有位樵夫生性愚钝，有一天他上山砍柴，不经意地看见一只从未见过的动物。于是，他上前问："你到底是谁?"

那动物开口说："我叫'聪明'。"

樵夫心想：我现在就是很愚钝，缺少"聪明"啊！把他捉回去算了！

这时，"聪明"突然说："你现在想捉我是吗?"

樵夫吓了一跳：我心里想的事他怎么知道！那么，我不妨装出一副不在意的模样，趁他不注意时赶紧捉住他。

结果，"聪明"又对他说："你现在又想假装成不在意的模样来骗我，等我不注意时把我捉住带回去，是吗?"樵夫的心事被"聪明"看穿了，所以就很生气，心想真是可恶！为什么他都能知道我在想什么呢?

谁知，这种想法马上又被"聪明"知道了。他又开口道："你因为没有捉住我而生气吧！"

于是，樵夫开始从内心检讨：我心中所想的事好像反映在镜子里一样，完全被他看穿。我应该把他放弃，专心砍柴。还是顺其自然的好，干吗生气徒增烦恼呢？

樵夫想到这里，就挥起斧头，用心地砍柴。一不小心，斧头掉下来，却意外地压在"聪明"上面，"聪明"立刻被樵夫捉住了。

生命是一种缘，是一种必然与偶然互为表里的机缘。有时候命运偏偏喜欢与人作对，你越是挖空心思想去追逐一种东西，它越是想方设法不让你如愿以偿。这时候，痴愚的人往往不能自拔，好像脑子里缠了一团毛线，越想越乱，他们陷在了自己挖的陷阱里。而明智的人明白知足常乐的道理，他们会顺其自然，不去强求不属于他的东西。顺其自然，绝非被动人生，不是自视清高或阿Q精神胜利法；顺其自然，不是在生活的海边临渊羡鱼，不是在命运的森林里守株待兔，而是洞悉人生、承受一切命运际遇的大智慧；顺其自然，是对生命的善待与珍爱，是对人生的喝彩和礼赞。

据说，迪斯尼乐园建成时，总经理迈克尔先生为园中道路的布局大伤脑筋，所有征集来的设计方案都不尽如人意。迈克尔先生无计可施，一气之下，他命人把空地都植上草坪后就开始营业了。几个星期过后，当迈克尔先生出国考察回来，看到园中几条蜿蜒曲折的小径和所有游乐景点有机地结合在一起时，不觉大喜过望。他忙喊来负责此项工作的戈尼，询问这个设计方案是出自哪位建筑大师的手笔。戈尼听后哈哈笑道："哪来的大师呀，这些小径都是被游人踩出来的！"

生命中的许多东西是不可以强求的，那些刻意强求的某些东西或许我们终生都得不到，而我们不曾期待的灿烂往往会在我们的淡泊从容中不期而至。我们常想悟出真理，却反而因了这种执着而迷惑、困扰。只要恢复直率之心，彻底地顺从自然，道理就随手可得。

将欲取之，必先与之

敢于放弃，取决于真正的聪明，绝对的智慧。而一切斤斤计较、机关算尽的聪明，归根结底都是"小聪明"，到头来往往是聪明反被聪明误。

世界万事万物都是转化和守恒的。睡眠和休息丧失了时间，却取得了明天工作的精力。只有丧失，才能获得。市场交易，买者如果不丧失金钱，就不能取得货物；卖者如果不丧失货物，也不能取得金钱。一个军队失去了城池，但杀伤了敌人有生力量；一个人失去了花前月下的爱情，但却增加了锻造自己的时间。只有丧失才能不丧失，这是"将欲取之，必先予之"的道理。不愿意丧失一部分，结果往往会丧失了全部。因此，不管是被动的失去，还是主动的放弃，都是值得肯定的。失去了一个东西，没必要伤心；得到了一个东西，也没必要高兴。"塞翁失马，焉知祸福"，因为，总的得失是平衡的。对于幸福，我们不要被动地等待，而要主动地争取。有智慧的人是能理解和把握这种平衡的，所以不要总想着好事被自己一人占尽，完美的想法通常是不切合实际的，而不完美中才真正蕴含着完善。

知道自己"有限"的聪明是一件幸运的事。有一个聪明的男孩，有一天妈妈带着他到杂货店去买东西，老板看到这个可爱的小孩，就打开一罐糖果，要小男孩自己拿一把糖果。但是这个男孩却没有任何的动作。几次的邀请之后，老板亲自抓了一大把糖果放进他的口袋中。回到家中，母亲很好奇地问小男孩，为什么没有自己去抓糖果而要老板抓呢？小男孩回答得很妙："因为我的手比较小呀！而老板的手比较大，所以他拿的一定比我拿的多很多！"默想：这是一个聪明的孩子，他知道自己的有限，而更重要的是，他也明白别人比自己强。凡事不只靠自己的力量，学会适时地依靠他人，是一种谦卑，更是一种聪明。

但我们更欣赏那种大聪明。

二战结束后，以美英法为首的战胜国几经磋商，决定在美国纽约成立一个协调处理世界事务的联合国。美国著名的家族财团洛克菲勒家族经商议，果断出资870万美元，在纽约买下一块地皮，无条件地赠给了这个刚刚挂牌、身无分文的国际性组织。同时，洛克菲勒家族也把毗邻这块地皮的大面积地皮全买下了。

对洛克菲勒家族的这一出人意料之举，当时许多美国大财团都吃惊不已。人们纷纷嘲笑说："这简直是愚人之举！"

但是，奇怪的是，联合国大楼刚刚建成，毗邻它四周的地价便立刻飙升，相当于捐赠款数十倍、近百倍的巨额财富源源不断地涌进了洛克菲勒财团。

"将欲取之，必先与之"，洛克菲勒家族敢于在放弃中挣大钱之举，无疑是"大智若愚"的经典。

敢于放弃，取决于真正的聪明，绝对的智慧。而一切斤斤计较、机关算尽的聪明，归根结底都是"小聪明"，到头来往往是聪明反被聪明误。

第十章

顺其自然，不妨跟不完美和解

缺憾人生，不缺憾

人生有缺憾，我们才有追求完美的理想和热情，也只有接受人生的缺憾性，我们才能真正理解和追求完美人生。

帕斯卡尔说，人是会思想的芦苇。然而，人也是世界上最贪婪的动物。人的一生，总是欲壑难填。每当我们的主观愿望和客观事实背离的时候，梦想和现实之间的强烈反差，就会使我们产生缺憾的痛苦。

人生如远行，走哪一条路都意味着放弃另一条路。不同的人生道路留下不同的缺憾，诸葛亮有诸葛亮的缺憾，贾宝玉有贾宝玉的缺憾。犹如夜幕里蕴藏着光明，缺憾之中不仅埋藏着逝去的青春和曾经的梦想，缺憾的背后还隐伏着许多生命的契机。

缺憾人生，使人类有了理想。理想，是一种可望而不可即的东西。或者说，就它的不能实现性而言才是理想。人生有缺憾，我们才有追求完美的理想和热情，也只有接受人生的缺憾性，我们才能真正理解和追求完美人生。

上帝是公平的，他不会把所有的幸运降临在一个人身上。有爱情的不一定有金钱，有金钱的不一定有健康，有健康的不一定有快乐。

人的弱点总是与优点相伴而生，雷厉风行的男人可能粗率，文静的女孩可能不善于交际，体贴的男人可能太过细腻，有主见的女人则多固执。正如苏东坡希望"鲈鱼无骨海棠香"的那种完美，而在现实中恰恰是：鲈鱼鲜美却多骨，海棠娇媚但无香。

面对人生缺憾，清人李密庵主张所谓"半"的人生哲学，日本有一派禅宗书道在挥毫泼墨时总留下几处败笔，都是意在暗示人生没有百分之百的圆满完美。更有日本东照宫的设计者因为自觉太完美，恐怕会遭天谴，故意把其中一支梁柱的雕花颠倒。

"月盈则亏，水满则溢"，完美状态也是可怕的。这世界上的事物不仅相辅相成，也相反相成。人的运气若是太好，另一种概率就会在负极聚集，所谓物极必反、乐极生悲。故智者"求缺"。

人生缺憾的必然性要求我们学会放弃。为了那些不能放弃的生命中重要的事情，我们必须放弃那些生命之外可以放弃的东西。

人生就是一种缺陷，你无法得到绝对的完美。然而，谁又能说人生没有完美呢？我们所拥有的是另一种完美，即从缺憾中领略的完美。

世上没有绝对完美的事物，完美的本身就意味着缺憾。

其实，缺憾是一种美。维纳斯失去了双臂，却给人留下了美的想象空间；戴安娜的英年早逝令人叹息，但得以永葆青春美貌的印象，顺遂了"自古美人如名将，不许人间见白头"之说。

美，是一种距离；美，多存在于缺憾之中。前人将"酒饮微醉，花看半开"视为佳境是有道理的，酩酊大醉，便会失去饮酒乐趣；而花开姹紫嫣红，则是凋萎的前夜。

其实，完美总包含某种不安，少许使我们振奋的缺憾。没有缺憾，生活就会变得单调乏味。亚历山大大帝因为没有可征服的土地而痛哭；喜欢玩牌者若是只赢不输就会失去打牌兴趣。正如西方谚语所说："你要永远快乐，只有向痛苦里去找。"你要想完美，也只有向缺憾中去寻找。

最辉煌的人生，也有阴影陪衬。我们的人生剧本不可能完美，但是可以完整。当你感到了缺憾，你就体验到了人生五味，你便拥有了完整人生——从缺憾中领略完美的人生。

在这个世界上，每个人都有自己的缺憾。只有缺憾人生，才是真正的人生。

法国诗人博纳富瓦说得好："生活中无完美，也不需要完美。"

我们只有在鲜花凋谢的缺憾里，才会更加珍视花朵盛开时的温馨美丽；只有在人生苦短的愁绪中，才会更加热爱生命拥抱真情；也只有在泥泞的人生路上，才能留下我们生命的坎坷足迹。

为了看到人生微弱的灯火，我们必须走进最深的黑暗。

我们悲观于生命的最终结局，却乐观于活着的每一天。因为，我们要感谢上帝在宇宙万物还沉睡在黑暗中的时候，却独独恩赐给我生命，让我们得以睁开眼睛看见光明，来到世界享受美好的人生旅程，为了生命中那许多的欢乐和获得欢乐必须付出的痛苦，我们还有什么理由不微笑呢？

人类，永远在缺憾人生里追求着完美。正如有位诗人说得好："黑夜给了我一双黑色的眼睛，我却用它来寻找光明。"

我们可以渴望完美，但也不要拒绝缺憾。

丢掉碎片，整理出好生活

　　人生中，我们背负的贪婪太多了，很多时候，不是快乐离我们太远，而是我们活得还不够简单。真的，你永远也不要相信世上有"完美"这回事。不要这样要求你自己，不要这样要求别人，也不要这样要求生活。我们要做的是：珍惜生命！珍惜现在！珍惜拥有！

　　曾经有一段时间，我的事业和家庭都遇到了麻烦，嫉妒、浮躁、忧虑整日困扰着我。一个朋友看着我沮丧的样子很着急，于是告诉我去附近山上一座禅院找住持觉悟禅师帮忙开解一下，也许会有所帮助。

　　禅房里，面对慈祥、超然的觉悟禅师，我一股脑儿地道出了自己的困惑和烦恼。觉悟禅师笑笑，伸出右手，握成拳头，"你试试看。"我照做。"再握得紧一些。"于是我把拳头捏得越来越紧，指头几乎攥进手心了。

　　"感觉如何？"他慈祥地问我。

　　我茫然地摇了摇头。

　　"把拳头伸开。"我伸开手掌，觉悟禅师拿起桌上的一枚青枣和一片玻璃碎片放在我的手中，说道："握紧。"我把青枣和碎片握在手心。"握紧一些，再紧一些。""不行了，禅师，我的手都快要被割破了。"我感到了手掌的疼痛。这时，觉悟禅师突然喝道："那你还不赶快把拳头松开！"

　　我吓了一跳，舒开手掌，看着手掌有些微红的硌痕，碎片已经扎到青枣里了。

　　觉悟禅师望着我，说："现在，把碎片取出来，丢掉吧。"

　　把碎片取出来！觉悟禅师的话，真是醍醐灌顶。这青枣就好比我的事业和生活，而这碎片就是生活中困扰我的嫉妒、浮躁、忧虑……

　　觉悟禅师看着我的表情，笑了笑，说："看来施主已经有所了悟。生活中的事就好像这青枣和玻璃碎片，如果你什么都不取，空握拳头，即便使劲再大的力气，也是一无所获，这叫徒劳无功。青枣就像你生活中一切美好的事物，而碎片就是困扰你的烦恼，我们在做事时难免要产生烦恼。要记得及时将青枣中的碎片取出来丢掉啊。"

看着青枣和碎片，听了觉悟禅师的一席话，我豁然开朗。

我们应该学会分辨身边的事哪些是青枣，哪些是碎片，并能及时地取出青枣中的碎片，把握住我们应该抓住的，放下应该丢掉的。也许说来容易做来难，但我们总要有勇气去做，不是吗？

苛求完美，身心疲惫

这个世界本来就不是完美的，过去不是、现在不是、将来也不是，它本来就是以缺陷的形式呈现给我们的。人如果事事追求完美，那无疑是自讨苦吃。

哲人说："完美本是毒。"事事追求完美是一件痛苦的事，它就像是毒害我们心灵的药饵。

这个世界本来就不是完美的，过去不是、现在不是、将来也不是，它本来就是以缺陷的形式呈现给我们的。人如果事事追求完美，那无疑是自讨苦吃。人生中，我们应该静下心来，一步一个脚印地去拣你认为是相对完美的树叶。

缺憾有其独特的意义，我们不能杜绝缺憾，但我们可以升华和超越缺憾，并且在缺憾的人生中追求完美。缺憾可以当作我们追求的某种动力，如果我们能这样看，就不会为种种所谓的人生缺憾而耿耿于怀呢？

有了缺憾就会产生追求的目标，有了目标，就如同候鸟有了目的地，即使总在飞翔，累得上气不接下气，有期望的目标，总是能够坚持下去。

如果事事追求完善，都要拼命做好，这会使我们自己陷入困境，不要让尽善尽美主义妨碍我们参加愉快的活动，而仅仅成为一个旁观者，我们可以试着将"尽力做好"改成"努力去做"。

一篇很有意思的文章描述了"最完美的女人"需要具备的特点："意大利人的头发、埃及人的眼睛、希腊人的鼻子、美国人的牙齿、泰国人的颈项、澳大利亚人的胸脯、瑞士人的手、纳维亚人的大腿、中国人的脚、奥地利人的声音、日本人的笑容、英国人的皮肤、法国人的曲线、西班牙人的步态……"，即使是这些也还不够，还需要有"德国夫人的管家本领、美国女人的时髦、法国女人的厨艺、韩国女性的温柔……"。

事实上，将所有这些"优点"放在一起，说不定还会很可怕。"金无足赤，人无完人"，人又何尝不是如此，所谓的完美不过是一些虚幻的想象而已。世上有很多优点，但绝不可能集中在一个人身上，更何况还有许多优点是互不相容的，甚至还是相互矛盾的。

人生确有许多不完美之处，每个人都会有各式各样的缺陷。其实，没有缺憾我们便无法去衡量完美。仔细想想，缺憾其实不也是一种完美吗？

人生就是充满缺陷的旅程。从哲学的意义上讲，人类永远不满足自己的思维、自己的生存环境、自己的生活水准。这就决定了人类不断创造、追求。没有缺陷就意味着圆满，绝对的圆满便意味着没有希望，没有追求，便意味着停滞。人生圆满，人生便停止了追求的脚步。

生活也不可能完美无缺，也正因为有了残缺，我们才有梦，有希望。当我们为梦想和希望而付出我们的努力时，我们就已经拥有了一个完整的自我。生活不是一场必须拿满分的考试，生活更像一个足球赛季，最好的队也可能会输掉其中的几场比赛，而最差的队也有自己闪亮的时刻。我们的所有努力就是为了赢得更多的比赛。当我们能继续在比赛中前进并珍惜每场比赛时，我们就赢得了自己的完整。

其实，完美的标准是相对而言的，因人的审美观不同而不同，今天以肥为美，明天就可能以瘦为美。古人以脚小为美，如果今天有"三寸金莲"走在大街上，路人肯定会笑掉大牙。

追求完美没有错，可怕的追而不得后的自卑与堕落。即使缺陷再大的人也有其闪光点，正如再完美的人也有缺陷一样。能够充分发挥自己的长处，照样可以赢得精彩人生。

最后，如果你是"完美主义"者，建议你变成"完成主义"者吧！不必在乎成果如何，也不要管别人的批评，只要开始行动就可以了。做自信的自己才是最重要的。

缺憾也是美

　　记得有人说过这样的话："没有遗憾的人生才最遗憾。"确实，假如没有"惆怅阶前红牡丹，晚来唯有几枝残"的遗憾，怎么会有古人夜里秉烛赏花的美。所以，很多时候，我们总是埋怨美梦不能成真。却不知，倘若什么梦想都能轻易地实现，也就无所谓美梦了。这是一种遗憾的美，一种让人想起仍觉甘甜，忆起犹觉美妙的美。

　　"尺之木必有节，寸之玉必有瑕。"那个故事很耐人寻味——有个渔夫从海里捞到一颗晶莹圆润的大珍珠。为了去掉珍珠上的小黑点，他层层将黑点剥去，最后黑点没有了，珍珠也不复存在了。看完故事，也许，此时你正同我一样在为那颗珍珠的不复存在而感到惋惜；同我一样想要告诉那个渔夫：缺憾也是美！

　　"人有悲欢离合，月有阴晴圆缺，此事古难全。"自古就有人明白这个道理。你可知道我们应该感谢缺憾？有了悲欢离合，人们才会懂得去珍惜现在所拥有的；有了阴晴圆缺，月儿才能更加妩媚动人。娇艳的花儿必要有丑陋的根；美丽的蝴蝶定是由讨厌的毛毛虫变化而来。十全十美的东西是不存在的，而缺憾也是美！

　　往往，存在缺憾的东西并不比看似完美的东西差。瞧——美，可以在金碧辉煌的宫殿中，也可以在炸毁的大桥旁；美，可以在芳香扑鼻的鲜花上，也可以在风中跳动的烛光中；美，可以在超凡脱俗的维纳斯的雕像上，也可以在平凡少女的笑脸里。

　　前几天看电视《精卫填海》大结局，炎帝女儿精卫化成了青鸟，她已忘记了前尘往事，对后羿深情地呼唤，置若罔闻，但是没有忘记自己的职责，不停地衔着石子投向大海。虽然只是电视剧，但是这种凄美的场景还是让我潸然泪下。

小说里的那些英雄们更大多如此，《天龙八部》中的大英雄乔峰，他身怀一身的好武艺，有那么多的人支持他，而且他也是当之无愧的英雄，然而他的女友却在他之前就被他误杀，到了最后他还不是落得和自己本国的决裂的下场，害他要当场自杀谢罪；《神雕侠侣》中的杨过相貌和功夫自不必说，可他偏偏少了一只臂膀，虽然他和小龙女最后有一个完美的结局，可是他失去的却永远也找不回来了；还有《射雕英雄传》中的黄老邪，虽然有个宝贝女儿黄容聪明得要死，可他的妻子还不是因为帮他死记那本破《九阴真经》而死于劳累吗？

难道天底下的美都要有缺憾吗？为什么当西施拥有了美貌就要注定成为用来当作国王复国的牺牲品呢？而当他复国后还不是给西施一个祸国的罪名，要她死在了淮水边。她的痛苦又有谁知道，难道她不想过好日子吗？可是就因为她太美了，那就是罪；为什么当唐太宗娶了杨玉环之后就会有人背叛他，到了最后却要杨贵妃自杀来帮助他完成最后的霸业，难道美就有罪，难道别人有美女就是过错，难道在天底下就没有一种美是不带伤感气氛的？可能就是因为缺憾本身就是一种美，这也正是我要说的缺憾之美，是它让世界上所有的事情变得更加的有味道，让世界如此美妙！

其实人生在世，不如意事十有八九，月有阴晴圆缺，人有悲欢离合。能修成正果皆大欢喜，如果不能，当然会有遗憾。但用心体会，你会发现残缺有其独特的美——缺憾之美。

断瓦残垣固然没有富丽堂皇的故宫那么让人目不暇接，设计精美的苏州园林让人流连忘返，但是因其独有韵味，也不失一种美。

万事万物，难有十全十美。相爱的人不能长相厮守，当然是一大憾事，但正因为有了这距离，才能把彼此永放心间，永远在对方心中留下最美丽的记忆。

当然，在品味这种缺憾之美时，苦甜参半，这是一种凄凉的美。只有品尝过的人，才知道其中的个中滋味，喜忧参半，刻骨铭心，永世不忘！

先舍弃才有"大得"

"舍得"两个字组合在一起，体现了中国人的智慧。大舍大得，小舍小得，不舍得，舍不得，最终得不到。人生就是这样，有舍有得，有得必有失。

舍得，舍得，需先"舍"而后才会有所"得"，确是至理名言。

他追求她已有五年之久。但她一直都没有接受他的追求，还对他很冷漠。冷漠的她并没有改变他那执着的心。

他在别人面前总是那样的好胜，但他在她面前却是那样的低声下气委曲求全。他的朋友总是对他说你与她是不可能的，因为她根本就不喜欢你，你再这样下去也没有用，只会自找苦吃。他心想自己难道就不知道是不可能的吗？但是他放不下，他为她付出了五年的光阴，他觉得这样做不值，就这样他对她一直纠缠不清。

他觉得很累，他想到农村乡下走走好散散心。他在农田中看到一位老人家在锄一片瓜苗，他觉得好奇，那个老人家为什么要锄掉那么好的一片瓜苗，他上前去问那位老人家。问为什么那么好的瓜苗要锄掉，它们还在结小瓜，他没想到老人家却说出如此的话来，老人家说："瓜苗再好也没有用呀，我也知道它们还在结小瓜呀，但是现在它已经过了这个季节了，锄掉它们好让新的菜苗种上去呀！如果舍不得这些的话，过了这个季节那就什么都迟了。"

有时候看到眼前这些东西而不懂舍去的话，那失去的却是更多呀！舍去眼前的，而会得到更多的机会，他这时才明白这一切。为什么连一个农村的老人家都知道这得与舍的利害关系，而自己却不知道呢！

于是，他回到自己工作的城市，手机也换了号码，一切都从新来过。他放弃了她，回头看到自己走过的一路才发现原来自己已经失去了很多很多。接着他开始投入了全新的生活，工作有了起色，也遇到了爱他的姑娘，并结婚生子，过上了幸福的生活。

如果他还死死抓住原来那个姑娘不放的话，我想大多数人也都能知道结果，即使勉强修成正果，他的生活也不会幸福，因为姑娘不爱他。

是呀，我们的每一步跳跃或者改变，可能并不是人们心目中完美的，都存在一定的风险，但我们不能太在乎那些世俗的衡量标准，而更要看重自己内心到底想要什么。

记得以前曾听说过一个故事，一个中国留学生初到美国时，只能靠在街头卖艺生存，那时有一个最赚钱的地盘——一家银行的门口，和他一起拉琴的还有一个黑人琴手，他们配合得很好。后来这个留学生用卖艺的钱进入大学进修。十年后，留学生成了国际上知名的音乐家。一次，他发现那位黑人琴手还在那家银行门前拉琴，就过去问候，那位黑人琴手开口便说："嘿，伙计，你现在在哪个地盘拉琴？"

是啊，人，必须懂得及时抽身，离开那些看似最有利可图却不能再进步的地方；人，必须鼓起勇气，善于取舍，才能开创出生命的另一个高峰。

生活中也确实有我们太多的舍不得。爱情、家庭、幸福、财富，哪一样想舍掉呢？最想舍掉什么——贫困、疾病、痛苦等等；最想得到什么——金钱、爱情、快乐等等，但命运弄人，有时候我们想得到的得不到，不想要的却偏偏来，人生无常呀！

舍和得，祸与福，都有转圜的方法和途径。舍弃恶习、名利、贪念，舍弃生活中我们苦苦追求本不该属于自己的那些东西，就能够得到更多的快乐、自由和安宁。不容易做到呀，这需要我们的悟性、智慧和苦修。

"舍得"两个字组合在一起，体现了中国人的智慧。大舍大得，小舍小得，不舍得，舍不得，最终得不到。人生就是这样，有舍有得，有得必有失。鱼与熊掌不可兼得，选择鱼还是熊掌，并不是兼得才是最完美的结果，就看你自己的智慧了。

第十一章　有张有弛，把烦恼都关在门外

　　不要让琐事牵绊自己，把烦恼关在门外。因为生命中的许多东西是不可以强求的，生活本身就是不公平的，生活需要有张有弛，我们需要珍惜每一天，活在喜悦中。

烦恼来自想不开

　　人的烦恼，都是因为有爱。有了爱往往又产生恨，有了爱也可能带来空虚的感觉以及无法避免的压力。这是因为在"小爱"的烦恼中摆脱不出来，所以会有种种的苦。若真的要能解脱自在，就必须把爱的心门再打开一点。能够发挥"大爱"的精神，就比较不会被"小爱"的执着束缚住，因而造成人生的痛苦。

　　一位迷失在歌舞场中的先生，已经迷途知返，但仍得不到太太的谅解！一位母亲将爱全部放在孩子身上……若能发挥大爱的精神，就不会被小爱的执着束缚住，造成人生的痛苦！

　　在这两天的时间内，我看到了三种爱。第一对夫妻，由一群朋友陪着来看我时，先生非常虔诚地跪拜，而太太一跪下来就泣不成声！后来先生才轻声地说：师父，过去我做了一些对不起太太的事。我自知错了，现在真的要改了。

　　我告诉那位太太：怎么样呀？你听到先生这些话，心中有什么感想呢？

　　太太说：我真的很想死，我什么都不要，觉得做人实在没什么价值。

　　原来，这对夫妻过去有一段感情的问题，他们的经济环境很好，但先生曾经一时迷失在歌舞场中，心被另外的美色所迷。太太发现先生对不起她后，心结从此就打不开了。由于她无法原谅先生，几年下来就得了忧郁症。整天以泪洗面，看她的眼睛红肿，似乎眼泪不曾停过，真的很苦啊！

　　苦在哪里？苦在"爱"看不开，她被"小爱"束缚了。即使先生已经从迷途中回头，表现那份体贴、温柔，但她还是不能打开心门。他们有两个小孩，她也很关心孩子，但是这分执着的烦恼，让她数次想寻短见，这是一种很矛盾的心态。

　　还有一位，也是因为爱；爱太过充足，所以她的心灵空虚了。先生对她很好，很老实、很会赚钱，对太太百依百顺，可说是一点缺点都没有的人，太太对先生真是无可挑剔了！他们只有一个孩子，她把爱全部都放在孩子身上。

她觉得在台湾的孩子读书很辛苦，希望到国外找一个轻松的教育环境，同时又能让孩子接受高等教育。所以，她想尽办法让孩子出国。因为是偷渡入境，所以孩子无法正式入学；她就用另一个方式去办手续，小孩终于在国外一所很好的学校读书了。然而，现在那个国家发现她有偷渡的纪录，再也不让她入境看孩子了！

因为这样，现在她的心已经完全空掉了！无法吃、睡，整天坐立不安，觉得天要塌下来了。我说：你应该多去看看各式各样的人生，看看人家，再观照自己。

先生怕太太被我"说"得太重，赶紧说：她平常也是很好，她的心地很善良……

你看，她周围的爱是多么充分，但她却口口声声地说：我的心很空虚！爱多得已经满出来了，所以不觉得有什么可贵，像这种痛苦，也是很烦恼啊！

西方人说："同一件事，想开了就是天堂，想不开就是地狱。"人的烦恼多半来自于自私、贪婪，来自于妒忌、攀比，来自于自己对自己的苛求。

托尔斯泰就曾说过："大多数人想改变这个世界，但却极少有人想改造自己。"

古人说："境由心造"。

一个人是否快乐，不在于他拥有什么，而在于他怎样看待自己的拥有。

每天早晨醒来想想一天要做的工作是多么有意义，满怀信心地去迎接新的一天，然后在工作、生活中享受这个过程，当你安心地躺下来，今天已然成为昨天，明天还很遥远，享受你的睡眠。

快乐是一种积极的心态，是一种纯主观的内在意识，是一种心灵的满足程度。

一个人能从日常平凡的生活中寻找和发现快乐，就会找到幸福。

我们觉得满足和幸福，我们就快乐。我们的心里灿烂，外面的世界也就处处沐浴着阳光。

播下一种心态，收获一种性格；播下一种性格，收获一种行为；播下一种行为，收获一种命运。人的心态变得积极，就可以得到快乐，就会改变自己的命运。

乐观豁达的人，能把平凡的日子变得富有情趣，能把沉重的生活变得轻松活泼，能把苦难的光阴变得甜美珍贵，能把繁琐的事变得简单可行。

去工作而不要光以挣钱为目的；去爱而忘记所有别人对我们的贬低；去给予而不要计较能否得到超值的回报；去欢唱而无须在意人们的目光。这样快乐地去生活，去感觉，去释放自己的内在，把整个的人放松，让你心思集中在你要做的事上，而不必在意外在的一切，让自我的内在得到彻底展现。

那个时候你似乎不是你自己，你的内心仿佛在另一个四维的空间，在另外的空间欣赏你，观照你，这样，我们就会觉得自己生活在天堂，生活充满快乐。

欢喜自在一念间

人生难免有种种烦恼。唯有真正透彻、体悟真理，才得以解脱。其实若能多用心，这并不困难。何况生活在现代的社会中，物资如此富裕、生活如此安稳，难道还不满足、不快乐吗？至于人生的终点在何处？什么时候"走"？我们都不需担心！唯有把握现在此时此刻去付出，才是自己的福，也是真正的修行。

能正视生死的人，到了人生末期，便能以安然自在的态度去面对一切。贫困的南非黑人，整日与垃圾为伍，生活却自得其乐，只要常存感恩、知足的心，处在任何境界都能欢喜自在！

看看医院中的患者，有的人病得很严重，痛苦难堪；但有的人却安然自在。痛苦不堪是否代表病情很重呢？安然自在是否表示他的病情较轻呢？其实，这只不过是一念心而已。

有的人生命已到了尽头，却仍然很安然自在，这就是心灵的解脱。他把生死视为很正常的过程，没有什么好怕、好烦恼的，所以很泰然。不过，这种人并不多。而且，要在平常就能看开生与死；若能突破这道关卡，人生就没有什么好烦恼了。

有的人在贫困中，也是很坦然自在。例如：南非有许多贫困的黑人，住在垃圾堆、垃圾场里。下雨时，就靠着那些垃圾来遮雨；日晒时，垃圾所散发的臭气熏着他们。不管是刮风、下雨或是出大太阳，他们都与垃圾为伍。

我问南非的慈济人说："那些人要怎么过日子？"

他们回答说："他们也很乐观啊！他们有得吃时，吃饱后就很安然地睡啊！如果没得吃，就在垃圾堆里翻找残余的食物，吃饱后依然唱歌、跳舞，自得其乐。"

听到这种境界，真是让人觉得不可思议啊！常想在心灵上去体会他们的生活、心境。到底他们对人生的生命看法、方向是什么？真是难以理解啊！

去年，慈济募集衣物、食物送到南非帮助他们，大约有十万人受惠。当时，他们举行了"和平烛光晚会"感恩慈济。今(八十五)年四月初，再度举行一次"纪念感恩会"，表示他们长期感恩于心。

当天，南非的慈济人有七位代表参加。由张居士负责点起一盏慈济心灯后，再传给七位慈济委员。然后由委员传传递下去，虽然大家来自不同的种族，但心灯一样盏盏相传。

每个人心中都有一份感恩，付出的人感恩受施的人；受施的人感恩付出的人，这种受和施相互感恩，真是人生一大快乐啊！所以说，无论贫者或付出者，只要心中常存感恩、知足、知福，处于何种境界都能欢喜自在，这完全只在于一念心啊！

我们学佛，要学得轻安、自在。人生能轻安、自在，真不简单啊！不过，也因为不简单，所以才要"修行"，要精进用心学习。

一般人心中的烦恼、惶恐、担忧等，皆离不开贫、病、死。有谁能在环境贫困时，不忧愁、烦恼？面对病痛时，能泰然、不惶恐？面对死亡时，能无挂碍呢？

懂得放弃才能获得

　　我们应该学习放弃那些不适合我们的人、事、物，这样才有机会能够获得更多属于我们的幸福！

　　有时候觉得不如意的事总是凑在一块，然后自己还要编个理由说这是另一种缘分！一段恋情的结束意味着崭新的开始，是有了能再次与他人邂逅的机会！旧情人就如同家里过多的衣服一般，明知有一堆衣服不会再去穿了，却因觉得可惜一直不舍得丢弃，但唯有下定决心将它们清仓打包丢进回收筒，才能再次让它们也有被人穿着的机会！

　　我们应该学习放弃那些不适合我们的人、事、物，这样才有机会能够获得更多属于我们的幸福！

　　有一个农夫，礼请觉悟禅师到家里来为他的亡妻诵经超度，佛事完毕以后，农夫问道："禅师！你认为我的太太能从这次佛事中得到多少利益呢？"

　　觉悟禅师照实地说道："当然！佛法如慈航普度，如日光遍照，不只你的太太可以得到利益，一切有情众生无不得益。"

　　农夫不满意道："可是我的太太是非常娇弱的，其他众生也许会占她便宜，把她的功德夺去。能否请您只单单为她诵经超度就好，不要回响给其他的众生。"

　　觉悟禅师慨叹农夫的自私，但仍慈悲地开导道："回转自己的功德以趣向他人，使每一众生均沾法益，是个很讨巧的修持法门，'回向'有回事向理、回因向果、回小向大的内容，就如一光不是照耀一人，一光可以照耀大众，就如天上太阳一个，万物皆蒙照耀，一粒种子可以生长万千果实，你应该用你发心点燃的这一根蜡烛，去引燃千千万万支的蜡烛，不仅光亮增加百千万倍，本身的这支蜡烛，并不因而减少亮光。如果人人都能抱有如此观念，则我们微小的自身，常会因千千万万人的回响，而蒙受很多的功德，何乐而不为呢？故我们佛教徒应该平等看待一切众生！"

农夫仍是顽固地说道："这个教义很好，但还是要请法师破个例，我有一位邻居老赵，他对我可说是欺我、害我，能把他除去在一切有情众生之外就好了。"

觉悟禅师以严厉的口吻说道："既曰一切，何有除外？"

农夫茫然，若有所失。

人性之自私、计较、狭隘，于这位农夫身上可以完全看出。只要自己快乐，自己所得所有，管他人的死活？庶不知别人都在受苦受难，自己一个人怎能独享？如论世间，有事理两面。事相上有多少、有差别，但在道理上则无多少无差别，一切平等。等于一灯照暗室，举室通明，何能只照一物，他物不能沾光？

懂得一切的人，才能拥有一切；舍弃一个，就是舍弃一切。舍弃一切，人生还拥有什么？

本色让生活变得快乐

想要生活得快乐，最重要的就是保持自己的本色。你只能唱你自己的歌，你只能画你自己的画，你只能做一个由你的经验、你的环境和你的家庭所造成的你。不论好坏，你都得自己创造自己的小花园；不论好坏，你都得在生命的交响乐中，演奏你自己的小乐器。

智能和尚有位朋友周施主已经结婚18年多了，在这段时间里，从早上起来，到他要上班的时候，他很少对自己的太太微笑，或对她说上几句话。周施主觉得自己是百老汇最闷闷不乐的人。后来，在周施主参加的继续教育培训班中，他被要求准备以微笑的经验发表一段谈话，他就决定亲自试一个星期看看。现在，周施主要去上班的时候，就会对大楼的电梯管理员微笑着，说一声"早安"；他以微笑跟大楼门口的警卫打招呼；他对地铁的检票小姐微笑；当他站在交易所时，他对那些以前从没见过自己微笑的人微笑。

周施主很快就发现，每一个人也对他报以微笑。他以一种愉悦的态度，来对待那些满肚子牢骚的人。他一面听着他们的牢骚，一面微笑着，于是问题就容易解决了。周施主发现微笑带给自己了更多的收入，每天都带来更多的钞票。周施主跟另一位经纪人合用一间办公室，对方的职员之一是个很讨人喜欢的年轻人。周施主告诉那位年轻人最近自己最近在微笑方面的体会和收获，并声称自己很为所得到的结果而高兴。那位年轻人承认说："当我最初跟您共用办公室的时候，我认为您是一个非常闷闷不乐的人。直到最近，我才改变看法：当您微笑的时候，充满了慈祥。"

你的笑容就是你好意的信使。你的笑容能照亮所有看到它的人。对那些整天都看到皱眉头、愁容满面、视若无睹的人来说，你的笑容就像穿过乌云的太阳；尤其对那些受到上司、客户、老师、父母或子女的压力的人，一个笑容能帮助他们了解一切都是有希望的，也就是世界是有欢乐的。

世界上的每一个人，都要追求幸福，有一个可以得到幸福的可靠方法，就是以控制你的思想来得到。幸福并不是依靠外在的情况，而是依靠内心的感受。记住：微笑能改变你的生活。如果你不喜欢微笑，那怎么办呢？那就强迫你自己微笑。如果你是唯独一个人，强迫你自己吹口哨，或哼一曲，表现出你似乎已经很快乐，这就容易使你快乐了。

勿用烦恼面对一切

无论周遭事物如何腐坏，以如何的速度在腐坏，我们都要抛却杂念，换一种眼光看它，以积极的心态面对它，改变它。其实生活中有许多感人的地方，是我们自己忽略了，让其从身边溜走。如果能经常换一种心境去看待，就会多了许多美好。

我们生活的这个世界是什么样子？莎士比亚曾说："一千个观众眼中有一千个哈姆雷特。"佛家有言："心存牛粪，看人都是牛粪；心存如来，看人都是如来。"每个人对世界、对人对物都有自己的看法，善美还是丑恶，快乐还是痛苦，完全取决于一个人的心境。

我们所看到的是什么样的世界，完全取决于我们的内心。假使我们以嗔恨之心去看世界，那么我们看到的就是罗刹世界；假使我们以贪欲之心去看世界，则会看到饿鬼世界；假使我们以怨恨、嫉妒之心去看世界，那么我们看到的就是阿修罗世界。

换一种心境，假使我们能够放下我们痛苦的烦恼心，以清净之心去看世界的话，那么我们就能够窥见那神圣、清净与和乐的净土世界了。净土世界其实遍布一切世间和出世间，往生净土与人间之净土并没有差异，净土就在我们心中，对于能够洞彻本自心性的人来说，当下便是净土！

有一个女人已经 34 岁了，过着平静、舒适的中产阶层的家庭生活。但是，她突然连遭四重厄运的打击。丈夫在一次事故中丧生，留下两个小孩。没过多久，一个女儿被热水烫伤了脸，医生告诉她孩子脸上的伤疤终生难消，母亲为此伤透了心。她在一家小商店找了份工作，可没过多久，这家商店就关门倒闭了。丈夫给她留下一份小额保险，但是她耽误了最后一次保费的续交期，因此保险公司拒绝支付保费。一连串不幸事件让女人近于绝望。她左思右想，为了自救，她决定再做一次努力，尽力拿到保险补偿。在此之前，她一直与保险公司的下级员工打交道。当她想面见经理时，一位多管闲事的接待员告诉她经理出去了。她站在办公室门口无所适从，就在这时，接待员离开了办公桌。

机遇来了。她毫不犹豫地走进里面的办公室。结果，看见经理独自一人在那里。经理很有礼貌地问候了她。她受到了鼓励，镇静地讲述了索赔时碰到的难题。经理派人取来她的档案，经过再三思索，决定应当以德为先，给予赔偿，虽然从法律上讲公司没有承担赔偿的义务。工作人员按照经理的决定为她办了赔偿手续。

但是，由此引发的好运并没有到此中止。经理尚未结婚，对这位年轻寡妇一见倾心，他给她打了电话。几星期后，他为寡妇推荐了一位医生，医生为她的女儿治好了病，脸上的伤疤被清除干净。经理又通过在一家大百货公司工作的朋友给寡妇安排了一份工作，这份工作比以前那份工作好多了。不久，经理向她求婚。几个月后，他们结为夫妻，而且婚姻生活相当美满。

这个女人虽身处绝境，但她的心没有绝望，所以她也没有永远处于绝境。只有内心美好，才能看到一个世界的美好；唯有内心坦荡，才能逍遥地活在天地之间。

承担之后是收获

每个人都要敢于去承担起自己身上的责任，不要选择逃避现实，因为责任未必是一件坏事，相反它会让你有更大的收获。

我们每个人都有大大小小的梦想，梦想成真时，我们都兴奋异常，因为我们的付出得到了回报。但是深入想想，"得到"只是瞬间，而"得到"同时来的，还有付出与承担。这个道理很简单，就像我们有了一个可爱的孩子，享受天伦之乐的同时要承担养育他的重任；我们和一个女人结婚，甜蜜的同时要承担她的缺点；我们要做成功的事业男性，拥有成就感的同时要承担更多的工作和职责；甚至很小的事，比如我们买一套精美的瓷器，需要更加精心的爱护；我们喜爱穿棉麻质料的服装，需要更多的熨烫。总之，通常来说，得到越多，需要承担的也越多。

认识到这一点，我们就会活得更加从容，因为我们心里有所准备。

有时候你会觉得矛盾，觉得痛苦，每次遇到，请告诉自己，不必为了这个郁闷，两三天就可以过去了。这很自然。人是生命，生命当中有很多偶然的东西，我们不可能掌握它，所以，别拿自己的痛苦太当真。

有间庙宇，被盖在一座大湖中央，大湖一望无际，庙中供奉着传说中菩萨戴过的佛珠链子，庙里只有一艘小舟供和尚出外补给用，外人无路接近，把佛珠链子放在湖中庙，更显现佛珠链子的珍贵与安全。

庙里，住着一位老师父，带着另外几位年纪较轻的和尚修行，和尚们都期望能在这个山清水秀的灵境中，加上菩萨链子的庇佑下，早日修道完成。这几位和尚潜心修炼，直到有一天老师父召集他们说："菩萨链子不见了！"

和尚们都不敢置信，因为庙中唯一的门二十四小时都会由这几位和尚轮流看守，外人根本进不来，佛珠链子不可能不见，和尚们议论纷纷，因为他们都从和尚变成嫌疑犯。

老师父安慰这群和尚，说他并不在意这件事情，只要拿的人能够承认犯错，然后好好珍惜这串佛珠链子，老师父愿意将链子送给喜欢的人。所以老师父给他们七天静思。

第一天没有人承认，第二天也没有，但是原来互敬共处的和尚们，因为多了猜疑，彼此间已不再交谈，令人窒息的气氛一直持续到第七天，还是没有人站出来。

老师父见没有人承认便说："很高兴各位都认为自己是清白的，表示你们的定力已够，佛珠链子不曾诱惑得了你们，明天早上你们就可以离开这里了，修行可以告一段落了。"

隔天早上，为了表示自己的清白，和尚们一大早就背着行囊，准备搭舟离开，只剩一个双眼失明的瞎和尚依然在菩萨面前念经，众和尚心中松了一口气，因为终于有人承认拿了链子，让冤情大白。老师父一一向无辜的和尚道别后，转身询问瞎和尚："你为什么不离开？链子是你拿的吗？"瞎和尚回答："佛珠掉了，佛心还在，我为修养佛心而来！"

"既然没拿，为何留下来承担所有的怀疑，让别人误会是你拿的呢？"师父问道。

瞎和尚回答："过去七天中，怀疑很伤人心，自己的心，还有别人的心，需要有人先承担才能化解怀疑。"老师父从袈裟中拿出传说中的佛珠链子，戴在瞎和尚的颈上说："链子还在，只有你学会了承担！"

不为小事而烦恼

做人应大气一点，别老醉心于鸡毛蒜皮的小事。要知道在小事上纠缠，是对时间的浪费，也可以说就是对于生命的无端消耗。一个人虽不能玩世不恭游戏人生，但也不能太较真，认死理。"水至清则无鱼，人至察则无徒"，太认真了，就会对什么都看不惯，也就无法在这个社会上生存。

有位朋友总抱怨他家附近商店里的售货员态度不好，像谁欠了他钱似的。后来，朋友偶然知道了售货员的身世：丈夫因车祸去世，老母瘫痪在床，上小学的儿子患哮喘病，他每月只能开很少的工资。一家三口住的是一间十几平方米的小平房。难怪他一天天愁眉不展呢。这位朋友从此再不计较他的态度，甚至还悄悄地帮助他为她做些力所能及的事。最后，他们还成了好朋友。

在人际交往、工作、生活中可能发生的小错误很多，如将你的姓名搞错，或者在谈话所表述的内容上，把"3元钱1公斤"说成是"4元钱1公斤""托尔斯泰"说成了"泰戈尔"等，诸如此类鸡毛蒜皮、无关大局的小错误，大可不必去当面纠正，假装没有发现好了。这是一个真正聪明的人做人的智慧。

一个人最想拥有的东西，就是这个人的大事。虽然很多事情都是从小事开始的，但是，只有专心致志地做大事，才有可能谈得上高效率。然而既有趣又悲哀的是，我们通常都能够很勇敢地面对生活里面那些大危机，却经常被一些小事情搞得垂头丧气。

在日常生活中，小事也会把人逼疯。例如在仲裁过四万多件不愉快的婚姻案件之后，芝加哥大法官埃尔文·约翰逊就曾经说过："婚姻生活之所以不美满，最基本的原因通常都是一些小事情。"纽约的地方检察官派蒂·波森也说过："我们的刑事案件里，有一半以上都起因于一些很小的事情。"

怎样化解这些小事对我们情绪的干扰，并且使我们把情绪波动的时间腾出来工作呢？

最专制的沙皇俄国凯瑟琳女皇二世在厨子把饭做坏了的时候，通常只是付之一笑。美国第 32 任总统富兰克林·D·罗斯福与夫人刚刚结婚的时候，罗斯福夫人每天都在担心，因为她的新厨子做饭做得很差。后来她说："可是如果事情发生在现在，我就会耸耸肩，把这事给忘了。"事实就是这样，"耸耸肩"就是一个好做法。

罗斯福夫人还对她的厨子说过这么一个故事——

在科罗拉多州长山的山坡上，躺着一棵参天大树的残躯。它刚刚发芽的时候，哥伦布才刚刚在美洲登陆。第一批移民到美国来的时候，它才长了一半大。400 年来，它曾经被闪电击中过 14 次，被狂风暴雨侵袭过无数次，它都安然无恙。但是在最后，一小队小甲虫攻击了这棵大树，那些小甲虫从根部往里咬，持续不断地往里咬，渐渐伤了大树的元气，终于使大树倒了下去。

是的，我们的生命也是这样，也是可以经历雷电的打击，却经不住一种叫作忧虑的小甲虫的咬噬。

罗斯福夫人所言不差，而我们更要清清楚楚地说，在多数的时间里，我们要想克服被一些小事所引起的困扰，只要把目光转移一下就行了——让我们有一个新的、能够使我们开心一点的看法——如此一来，热水炉的响声，也可以被我们听成美妙的音乐。很多其他的小忧虑也是一样，我们不喜欢它们，结果弄得整个人很颓丧，原因只不过是我们不自知地夸大了那些小事的重要性。

当然，最重要的方法，就是果断地舍弃那些小事。

第十二章　快意人生，别让快乐擦肩而过

生而为人即是一种快乐，快乐是人生的主题。只要我们用心去体会，以饱满的热情去对待生活，就能快乐度过每一天。

快乐是一种心境

你活得快不快乐，重要的是你是否欣赏自己，肯定自己。欣赏的角度不同，所得到的感受也迥然有异，或晴空万里或乌云密布，全在于你个人的选择！

如果把一个面包圈放在你面前，你会先看到面包还是先看到里面的圈呢？

乐观的人注意的是整个面包，而悲观的人注意的是面包圈中间的那个洞。我们对待生活的态度和情绪，就像变幻的天气。当你觉得悲观失望的时候，你所看到的事物都是处在一片阴霾之中；但如果你选择一种乐观的生活态度，你的生命中就会一直充满阳光。

苏格拉底单身时，和几个朋友一起住在一间七八平方米的小屋里。生活非常不便，但他一天到晚总是乐呵呵的。有人问："那么多人挤在一起，连转个身都困难，你有什么可乐的？"苏格拉底说："朋友们在一块儿，随时都可以交换思想，交流感情，这难道不是很值得高兴的事儿吗？"过了一段时间，朋友们一个个相继成家，先后搬了出去。屋子里只剩下了苏格拉底一个人，但是每天他仍然很快活。那人又问："你一个人孤孤单单的，有什么好高兴的？""我有很多书啊！一本书就是一个老师，和这么多老师在一起，时时刻刻都可以向它们请教，这怎能不令人高兴呢？"几年后，苏格拉底也成了家，搬进了一座大楼里。这座大楼有七层，他的家在最底层。底层在这座楼里环境是最差的，上面老是往下面泼污水，丢死老鼠、破鞋子、臭袜子和杂七杂八的脏东西。苏格拉底还是一副自得其乐的样子。

那人又好奇地问："你住这样的房间，也感到高兴吗？""是呀，你不知道住一楼有多少妙处啊！进门就是家，不用爬楼梯；搬东西方便，不必花很大的劲儿；朋友来访容易，用不着一层楼一层楼地去叩门询问……特别让我满意的是，可以在空地上养一丛一丛的花，种一畦一畦的菜。这些乐趣呀，数之不尽啊!"苏格拉底情不自禁地说。

过了一年,苏格拉底把一层的房间让给了一位朋友。这位朋友家有一个偏瘫的老人,上下楼很不方便。苏格拉底搬到了楼房的最高层,可是每天他仍是快快乐乐的。那人揶揄地问:"苏格拉底先生,住七层楼是不是也有许多好处呀!"苏格拉底说:"是啊,好处可真不少呢!仅举几例吧:每天上下几次,有利于身体健康;光线好,看书写文章不伤眼睛;没有人在头顶干扰,白天黑夜都非常安静。"

后来,那人遇到苏格拉底的学生柏拉图,问道:"你的老师总是那么快快乐乐,可我却感到,他每次所处的环境并不那么好呀。"柏拉图说:"决定一个人心情的,不是在于环境,而在于心境。"

任何对客观环境的不满和怨天尤人都是无济于事的,只有以积极向上的精神去面对,才是解决问题的最佳方法。同样的瓶子,你为什么要装毒药呢?同样的心里,你为什么要充满着烦恼呢?

你活得快不快乐,重要的是你是否欣赏自己,肯定自己。欣赏的角度不同,所得到的感受也迥然有异,或晴空万里或乌云密布,全在于你个人的选择!

一个人前往韩国庆州的石窟寺观佛。他站在佛像前看了许久,既没有感到佛的慈悲之像,也没有庄严肃穆之感。

正在他苦思冥想原因之时,寺中的住持走近对他说:施主,你应当跪在佛像正前方的位置,才能得到他的精神。这不是让你膜拜,而是佛像的雕塑者是站在求神者的位置设想之后才建的。当你跪着看的时候,佛的下垂的眼睑会让你觉得是俯视的慈晖。

那个人照此做了。果然如住持所说,艺术品的欣赏要站在某个特定的角度或距离才可以获得十足的神韵,那我们对待生活的态度不更应如此吗欣赏的角度不同,所得到的感受也迥然有异,或晴空万里或乌云密布,全在于你个人的选择!

只有站好位置,选取最佳的角度,你才会发现美丽的所在。每一个人都是别人无法取代的绝对存在,有自己的特殊价值。每个人都应该喜欢自己,善待自己,这样才会快乐,才会有成绩。

快乐是一种给予

　　一笔捐款、一个亲吻、一次拥抱、一个微笑、一次握手都能给人快乐，给己快乐。快乐传播需要你的给予，予人乐即予己乐，生命中你笑脸迎人，别人也会笑脸相迎，这样你就活在快乐的围绕之中，得到真正的快乐。

　　有人常说："快乐在哪里？我从没有快乐过。"其实快乐无处不在，给予就是快乐的。如果在别人困难、需要帮助的时候，你给予他一点点帮助，你会感到很快乐，因为你帮助了他，使他摆脱了困难，你从而也会觉得快乐、幸福。

　　高尔基曾经写过一篇文章——《给，永远比拿快乐》。这篇文章讲的是：有一年，高尔基在意大利的一个小岛上休养。他 10 岁的儿子就跟妈妈一起来小岛上探望高尔基。儿子在小岛上栽了好些美丽的花。不久，他就同妈妈回俄国了。第二年的春天，儿子栽的花儿开了。高尔基看着窗外怒放的鲜花，心里很高兴，就给儿子写了一封信。高尔基在信中说：儿子，你走了，可是你栽的花留下来了。我望着它们，心里想："我的好儿子在岛上留下了一样美好的东西——鲜花。如果你不管在什么时候，在什么地方，留给人们的都是美好的东西，像鲜花啦，还有你的美好回忆啦，那你的生活该是多么愉快啊！那时候，你会感到所有的人都需要你。要知道，给，永远比拿愉快！"

　　高尔基说得对，给，永远比拿愉快，如果我们生活中多一份给予，我们的生活就会多一份快乐。我们要学会宽容，学会付出，学会感动，学会给予，让我们的生活过得更精彩！

　　是的，给予是真正的快乐的源泉。养活了鱼儿，滋润了大地，幸福快乐从这里崛起。给予是温暖的阳光，驱走了黑暗，带来了光明，崭新的一天从这里开始。给予是轻快的木筏，乘着海风，顺流而下，精彩刺激的旅程从这里出发。

一笔捐款、一个亲吻、一次拥抱、一个微笑、一次握手都能给人快乐，给己快乐。快乐传播需要你的给予，予人乐即予己乐，生命中你笑脸迎人，别人也会笑脸相迎，这样你就活在快乐的围绕之中，得到真正的快乐。

曾七度荣获世界一级方程式锦标赛的总冠军，生死时速中的天之骄子迈克尔·舒马赫是圣马力诺夫共和国的"慈善大使"。他曾捐钱修建学校，改良郊区土地，无私地援助战火洗礼后的萨拉热窝修建医院，还专门为流浪儿修建收容所，经常亲自抽空去探望孩子们。特别是在印度洋地震和海啸发生后，他取消了原定的新年聚会，然后捐出了1000万美元。

"如果你能在孩子们的生命中给予他们一个机会，你可能做到了最有益于整个世界的事情。"舒马赫说。

舒马赫为孩子们所给予的，不仅为孩子们带来了拥抱快乐的机会，也为自己带来了心灵的喜悦。传播爱心，把温暖带给更多的人，与众同乐是真正的快乐。

一个衰弱的老乞丐挡住了一位年轻人的去路。老乞丐伸出一只红肿、肮脏的手喃喃地呻吟着乞求年轻人的帮助，可年轻人搜遍了身上所有的口袋，什么东西也没有带，但老乞丐仍然等待着……年轻人惘然无措、惶恐不安，紧紧地握了握老乞丐那肮脏发抖的手，说："请别见怪，兄弟，我什么都没带。"老乞丐那发青的嘴唇微笑了，说："这也是一种施舍啊……"

年轻人给予了老乞丐一个亲切的握手，如一份温暖的爱，一股暖流温暖着老乞丐的心房。而老乞丐以笑相报，快乐油然而生。让关怀的心带给需要帮助的人，无私助人是真正的快乐。

生命在于运动，爱心在于行动。行动起来无私地给予你的爱心吧，让快乐的源泉生生不息。

那么，对于给大家以快乐的朋友，我们该做些什么呢？

一种方法，除了赞美、尊重他们外，也想办法创造出条件，让他们与网友们同乐，这是作为朋友的做法。可以给予他们各种支持，可以给以他们善意的批评指教，也可以谅解他们可能有过的一些过错，更应该做的是，向他们学习，向他们致敬。

另一种方法，也可以说成是"快乐是给予"。不过，那是把快乐留给了自己，把不快乐给予了他人，习惯于把责难、挑刺、埋怨、纠缠甚至辱骂不负责任地赠给别人、赠送给四十，这是值得深思的不恰当的做法。

快乐是给予，也希望给予"快乐是给予"者以快乐。

快乐是一种情绪

世界上有一种情绪，它并不因为人们财富的多寡、地位的高低而增减，全部的奥秘只在内心，那就是快乐。有一种人生最可宝贵的无形财富，它简单易得却又千里难求，任谁也无法将它夺走，那就是快乐。

有一位国王终日闷闷不乐，为了解除他的心病，大臣们遍访名医。一位智者献计说："只要找到世界上最快乐的人，把他的衬衫脱下来给国王穿上，国王就会高兴起来。"

于是，国王立刻下旨寻遍全国各地，找一个最快乐的人。不久他们就发现，这世界上快乐的人可真少。富人们衣食充足却无所事事，备感无聊；智者们终日恻恻、思虑过多；美人们日日担忧年华老去。最后，他们终于在柴草堆上找到了一个快乐地唱着歌的年轻人，可是，当他们遵照国王的旨意决定脱去他的衬衫时，却发现他竟穷得连衬衫也没有。

世界上有一种情绪，它并不因为人们财富的多寡、地位的高低而增减，全部的奥秘只在内心，那就是快乐。有一种人生最可宝贵的无形财富，它简单易得却又千里难求，任谁也无法将它夺走，那就是快乐。

其实对于每个人，快乐的定义都不一样。

快乐是一种心境，每个人都在追求自己的快乐，每个人对快乐都有不同的理解。简简单单地享受生活，才不会被生活所累。如果你想拥有快乐，至少要有给自己制造快乐的方式。比如，若你喜欢阅读杂志，那么看一本杂志，喝一杯咖啡，静静品位，静静阅读，这也是快乐的方式。学会快乐生活，最重要的是要摆正自己的心态。其实每个人都有感情的波动，每个人都会有脆弱和坚强的一面，苦乐全凭自己的判断。

每天多给自己一点快乐的理由，不要为过去的烦恼所牵连。要学会用自己的思想理念和生活方式去寻找快乐的手段和目的。

事情的对与错、是与非，应该有自己特有的思想和观点，如果自己认为这样做值得的就行了，不必太在乎别人的看法，然后坚定不移地就朝这个方向去追求去努力，正确把握大方向，才能有心情去寻求每一天的快乐之源泉。

学会用一颗纯洁的心灵，乐观的心情和善良的心肠真实地去对待，用心去感受生活的珍贵，领悟生活的真谛。

快乐不应该是奢侈品，快乐应该是路边的一朵花，一株草。快乐是一种情绪，可以互动，可以传染。

那一朵花，你路过它的身边时，要用心去凝视它，它也许正娇艳地开着，你阅读着它的芬芳，沁人心脾的快慰，越过你的眼帘，流遍你的周身，夏日的炎热，因一份不经意的美丽，变得不那么躁动；它也许有点开败了，你想象着它曾经有过的美丽，也许美丽的日子不长，但它毕竟热烈过了，你期待着下一个周期。而人，总是在希望中快乐。

还有那一株草，盛夏里，还是那么碧绿，它比初春的草，要绿得成熟，绿得高贵而典雅，在这份厚重的并不耀眼的悦目的色彩中，感觉每一个季节都有它的亮点，就像每一个日子，都有它的快乐一样。只是我们没有用心，用灵魂，用心智，让自己那看似艰难的日子，去挖掘最大化的快乐！

最容易丢失快乐是，你茫然的眼，看不见路边的风景。

快乐就会和你擦肩而过……

快乐，有时候就是一种情绪，要你自己去营造。

快乐，不是单一的纯粹的你自己情绪，你应该融入到一种氛围，朋友的亲人的相识的不相识的人和事，去体会生活中的美好。你快乐了，兴许正感染了那个不怎么快乐的人，他也会因你的快乐而快乐了呢。

愿每个人都是快乐的传播机，在这不易的日子里，学会放松自己，也感染别人。

快乐是一种选择

快乐和痛苦是一对孪生兄弟，他时常同时出现在我们面前，你选择了痛苦必定拥有痛苦；你选择了快乐就会拥有快乐。

曾经有一个同事在办公室的一角摆放了一崭新的鱼缸，里面装满了清水，但还没有放鱼儿进去。只见他每天精心擦拭缸壁、调试水温，然后蹲在鱼缸前窃喜，他的这一举动常常让我和其他同事感到好笑，但那位同事毫不理会，随后还滔滔不绝地说起了他的养鱼计划，大谈了他喜爱的"罗汉鱼"，那美滋滋的神态溢于言表。

说实话，听了同事的一番打算，看着他那快乐的样子，我倒羡慕起他的闲情来。

我们的工作性质就是足不出户，大多时间是坐办公室处理公务或者编审稿件，有时一天也不下楼，在这样的环境下工作，本应该是快乐的，但长久的忙碌也觉得烦躁和乏味。

如今，生活的节奏好像被我们调得越来越快，忙，大概是现代人一个最典型的标志了。元代有位无名氏在一曲元曲里这样慨叹："叹世间多少痴人，多是忙人，少是闲人。"这种居高临下、笑傲苍生的空灵境界，恐怕我们无论如何也是难以体验和苟同的。

不过，在忙碌的日子里，人应该要忙里偷点闲，苦中求点乐的。话虽这么说，真要做个忙人不难，做个闲人也不难，难的是把忙与闲统一于一身。其实，一个人可以不做闲人，却不可以没有闲情；一个人忙点苦点不可怕，怕的是不会忙里偷闲，苦中求乐。

许多人至今仍信奉玩物丧志的教条。其实，因了闲情而丧志的确有人在，但不涉闲情却也毫无志向的更是大有人在。在我们周围，有着广泛闲情的人不少也是人生和事业的强者。他们往往对周围的一切都充满兴趣，这也应该算是生活的热情。最难能可贵是身处逆境，仍能保持一种豁达的闲情。

从某种意义上说，生活这根弦不应该绷得过紧的，绷得太紧，人就会感受不到生活的乐趣，失去生活的追求，进而失去对人生的真情。枯燥的生活如同荒漠，它只能造就枯萎而干瘪的心灵，心若死，生还有意义吗？

当然，闲情并不是向往六朝人那样悠然若仙放浪形骸，也不能对闲情挥霍无度，学会忙里偷闲，才会使我们的生活、我们的精神状态和心理状态保持相对的平衡，才能感受生活的快乐。

快乐是一种态度。除了拥有一份闲情外，还要学会对待生活中的那些无聊的闲事。曾在电视上看到一位中年领导者的一段遭遇，说是一位无聊的异性常常打来骚扰电话，被妻子发觉，结果闹得满城风雨，他选择了辞职，家庭也面临崩溃。这样一个荒诞的事情，竟然改变了一个人一生的命运。在这位领导者的生活中，它实际上是一个无关主流的闲事，可这闲事又具有很强的杀伤力。所以，但凡这样的闲事，往往会驻留在人的心中，销蚀掉一个人的意志，侵蚀人的肌体，毁坏人的身心。

其实，闲事人人有，你唯一能做到的就是不让它缠上你，躲开它。学会用一种坦然的心态直面各种闲事。遇到闲事，自己心里方寸不乱，就会少许多的麻烦。

快乐就是这样，快乐是一种选择。郑渊洁先生说"有所得是低级快乐，无所求是高级快乐"，如果我们不断地学会放手、学会轻视、学会正确地剖析和解读我们自己的灵魂，那么我们就会少一份遗憾，多一份快乐。

生活的事例也告诉我们，快乐和痛苦是一对孪生兄弟，他时常同时出现在我们面前，你选择了痛苦必定拥有痛苦；你选择了快乐就会拥有快乐。当然，做出正确的选择并不是一件容易的事，和一个人的性格、阅历和境界密切相关。一般来讲，性格越开朗、阅历越丰富、境界越高远的人快乐也越多。那么，应当如何做出正确的选择？有几点可注意把握：

（1）消除妒忌。妒忌心理是使人心情变坏、远离快乐的毒药，一旦沾染则痛苦万分，而无法自拔。在生活中有些妒忌心很强的人，在容貌上容不得别人比自己漂亮；在工作中容不得别人比自己干得出色。甚至妒忌别人比自己穿得好、比自己吃得好、比自己过得好……整天像个红眼的斗鸡，见到比自己强的就斗气，连说话都带刺，不但自己活得很累，也破坏了别人的好心情。

（2）宽容别人。有的人心胸狭小，不能原谅人，对别人的赞美之词常常忘记，但对别人无意中一句伤害自己的话却耿耿于怀，甚至多少年都记恨在心。正如一篇文章中说的，有的人心里专门收集垃圾，把多少年来人们丢给他的垃圾都积攒着，不但阴暗而且肮脏，怎么会有好的心情呢？因此要学会宽容别人，包括宽容伤害过自己的人，因为不宽容别人，受伤害最多的还是自己。

（3）顺其自然。星期天想去逛街，偏偏遇见大雨，这时把门窗关好，沏上一壶好茶，一边静静听着雨声，一边细细品着香茶，应该是个不错的选择。因为抱怨无济于事，天公不会因为你的抱怨把雨停住，要改变的不是天气而应是你的心情。

（4）把握现在。泰坦尼克号有一句名言：快乐度过每一天。快乐其实就在身边，关键是如何去把握。有的人总把快乐寄托于未来，整日忙忙碌碌，无暇享受生活的快乐——没文凭时拼命拿文凭，想等完成学业再找快乐；有了文凭找好工作，想找到可心的工作再寻快乐；有了工作想成家，想有了美好的家庭再找快乐；有了家庭又想培养孩子，想等孩子长大成才再找自己的快乐……结果直到白发苍苍还与快乐无缘，这样的人生实在可悲。

生活的快乐、快乐的生活，每个人都向往，调整好心态，学会正确选择，快乐就会时常陪伴你。

快乐是一种责任

> 生命是一种继承和延续，它永远不能只属于你自己，你是一个孩子；一个父亲；或者是一个母亲；一个亲人；一个朋友，对着所有爱你的人，就没有理由不快乐，没有理由不坚强，这时候快乐是一种责任。

快乐好似扔入池子里的一颗石头，会激起不断扩散的阵阵涟漪。正如史蒂文生所言："快乐是一种责任。快乐这个字眼并没有精确的定义。快乐的人可以因种种的理由而快乐，其关键并非财富或健康，因为我们可以发现有些乞丐、病弱的人与所谓的失败者却是非常快乐。能快乐就是一种意想不到的好处，而能保持快乐却是一项成就，也是心灵与品德上的胜利。努力追求快乐不算是自私，事实上追求快乐不仅是对自己也是对别人的一种责任。"

拿过书桌上的那本稿纸和半瓶墨水，我用双手打开墨水瓶，将墨水一下子倒在了那本稿纸上，雪白的纸顿时乌黑一片，掀起最上面的那页纸，下面的那页也被洇黑了……

其实想想：生活就像这本厚厚的稿纸，每个人都是它的一页，所有的痛苦和挫折就如同这墨水，当它侵入我们的生活时，那些不美好的心情已经开始在感染其他人。人与人之间就是这样，虽然独自存在却相互依存，你的痛苦就是别人的痛苦，你的快乐也是别人的快乐。因此，让自己快乐起来，也是一种责任！

手机上问候语从买回来一直没有改掉，开机的时候上面冷冷清清地写着"联通新时空"。妈妈说，改了吧，改成：为爸妈快乐。话音未落，我的眼睛已被雾气笼罩，心底涌动的是许久许久不曾有过的酸楚和悲伤。

岁月无情，弹指间，爸爸的腰身不再挺拔，妈妈的耳边也已早生华发，而我，在他们宠爱的目光中仿佛还是一个丫头，没有长大。这些年来，他们努力地保护着我，不让我受到任何伤害，直到我必须离开他们筑就的避风港，去独自面对外面的雪雨风霜。可惜，生活中有些痛苦我只能经历，命运里有些失败我必须面对，这就是成长，而成长就需要付出代价。只是，在这个过程里面我所遭遇的所有，他们都感同身受，甚至恨不得替我承受。他们小心翼翼地注视着我，希望他们的关爱能让我快乐，只要我快乐。

一直很努力地在父母面前掩饰我的消沉，我以为我已经成熟到足够坚强，可以风雨独挡，因为，我也很认真地想要做一个贴心的女儿。于是，无论多少的惆怅，我给他们的还是微笑，仿佛阳光。可是，他们知道，清清楚楚地知道，因为我是他们的女儿，我从来都无法成功地把快乐伪装。我只好承认我的自私，无形之中，我让他们痛苦着我的痛苦，悲伤着我的悲伤。每每总是觉得找不到一个让自己快乐的理由，现在，我找到了，快乐，不但是心态，更是责任，要为了自己爱的人负责，就一定要快乐地活着。

一叶障目是幸福的。对着这片精彩的叶子忧伤或者快乐，忘记周围所有的世界，摒弃所有的诱惑。仅以一叶障目就拥有了整个世界。经历就是长大，没有人可以阻挡长大的脚步，就像不能让种子在合适的时候不发芽。生命是一种继承和延续，它永远不能只属于你自己，你是一个孩子；一个父亲；或者是一个母亲；一个亲人；一个朋友，对着所有爱你的人，就没有理由不快乐，没有理由不坚强，这时候快乐是一种责任。

郁闷不乐就像是一种传染病，得了这种病的人大家都避之如蛇蝎。他很快就会发现自己孤独、痛苦。不过，有一种很简单的治疗方法，乍看之下似乎很可笑：那就是如果你觉得不快乐，就假装快乐吧！这个方法很有效的。你很快就会发现自己非但不会将人赶走，反而还能吸引人。你会发现自己能成为广结善缘的中心人物，这是多么值得庆幸的事。于是原本的假快乐就变成了真快乐，你拥有心灵平静的秘诀而能忘情于服务他人。

一旦快乐被当作一种责任来履行并成为一种习惯时，它就会开启大门引领我们进入想象不到的花园中，里面尽是那些满怀感激的朋友。